杨启军 晁炳杰 主 编
陈亚琳 张 润 副主编

智能供配电系统
安装与调试

清華大学出版社
北京

内 容 简 介

本书是按照教育部全国电力职业教育教学指导委员会供用电专业委员会制定的《高等职业院校供用电技术专业实训教学条件建设标准》，结合全国电力类院校的实训方式、实训内容、实训条件编写的。本书遵循供用电技术专业人才培养方案，促进电力技术类专业的高职院校紧贴能源与动力产业的发展与需求，引领职业院校电力技术类专业建设与课程改革，促进产教融合、校企合作、产业发展，引领职业院校实训基地建设、师资队伍的建设、课程教学的改革和优化。同时，还重点培养智能供配电系统安装与调试的实践能力、创新能力的高素质技术技能人才。

本书共 8 个项目，主要内容包括：YC-IPSS01 智能供配电实训平台的认识与安装、高压配电装置的安全规范操作和继电保护整定、低压配电装置电气接线的设计与安装调试、低压配电装置的规范操作及故障排查、能量管理系统的通信组网和操作、电力监控系统通信组网和远程操作、电力监控系统组态设计、变电站一次系统仿真操作。

本书可作为高职院校、应用型本科院校供配电课程的实训教材，也可供在职培训或相关技术人员参考。

图书在版编目(CIP)数据

智能供配电系统安装与调试/杨启军，晁炳杰主编. —北京：清华大学出版社，2021. 12(2023.3重印)
ISBN 978-7-302-59260-0

Ⅰ. ①智… Ⅱ. ①杨… ②晁… Ⅲ. ①供电系统－设备安装 ②供电系统－调试方法 ③配电系统－设备安装 ④配电系统－调试方法 Ⅳ. ①TM7 ②TM727

中国版本图书馆 CIP 数据核字(2021)第 192818 号

责任编辑：王 欣
封面设计：常雪影
责任校对：赵丽敏
责任印制：曹婉颖

出版发行：清华大学出版社
网 址：http://www.tup.com.cn，http://www.wqbook.com
地 址：北京清华大学学研大厦 A 座 **邮 编**：100084
社 总 机：010-83470000 **邮 购**：010-62786544
投稿与读者服务：010-62776969，c-service@tup.tsinghua.edu.cn
质量反馈：010-62772015，zhiliang@tup.tsinghua.edu.cn
印 装 者：天津鑫丰华印务有限公司
经 销：全国新华书店
开 本：170mm×240mm **印 张**：11.75 **字 数**：236 千字
版 次：2021 年 12 月第 1 版 **印 次**：2023 年 3 月第 2 次印刷
定 价：46.00 元

产品编号：090595-01

前言

PREFACE

本书是按照教育部全国电力职业教育教学指导委员会供用电专业委员会制定的《高等职业院校供用电技术专业实训教学条件建设标准》，结合全国电力类院校的实训方式、实训内容、实训条件编写的。本书遵循供用电技术专业人才培养方案，促进电力技术类专业的高职院校紧贴能源与动力产业的发展与需求，引领职业院校电力技术类专业建设与课程改革，促进产教融合、校企合作、产业发展，引领职业院校实训基地建设、师资队伍的建设、课程教学的改革和优化。同时，还重点培养具有智能供配电系统安装与调试的实践能力、创新能力的高素质技术技能人才。

本书共8个项目，主要内容包括：智能供配电实训平台的认识与安装、高压配电装置的安全规范操作和继电保护整定、低压配电装置电气接线的设计和安装调试、低压配电装置的规范操作以及故障排查、能量管理系统的通信组网和操作、电力监控系统通信组网和远程操作、电力监控系统组态设计、变电站一次系统仿真操作。

本书具有如下特点：

(1) 符合教育部高等职业学校专业教学标准中供用电技术、发电厂及电力系统和农业电气化技术等专业的教学标准。

(2) 突出变配电系统运行人员不同岗位的角色扮演和工作职责，严格遵守"安全性"和"规范性"。

(3) 体现电工基本技能和电工测量与仪表调试、工业现场网络等专项核心技术技能。

(4) 重点介绍电力系统、供配电技术、二次回路、工厂电气控制设备的安装调试等方面的专业知识。

(5) 培养较强的变电站及供用电设备运行维护的能力和现场事故分析及处理的能力。

本书可作为高职院校、应用型本科院校供配电课程的实训教材，也可供在职培训或相关技术人员参考。

本书由重庆电力高等专科学校杨启军和西安亚成智能科技有限公司晁炳杰担任主编并负责全书的统稿工作，南京工业职业技术大学陈亚琳、西安亚成智能科技有限公司张润担任副主编并负责稿件收集整理及教材的主审工作。参加本书编写的人员及任务分工是：项目一由西安亚成智能科技有限公司晁炳杰和张润编写；项目二由重庆电力高等专科学校杨启军编写；项目三由杨凌职业技术学院郭英芳编写；项目四由西安铁路职业技术学院方彦编写；项目五由广西水利电力职业技术学院谭振宇编写；项目六和项目七由南京工业职业技术大学陈亚琳编写；项目八由福建水利电力职业技术学院刘文博编写。

限于编者经历和水平，书中难免有疏漏与不足之处，恳请读者批评指正，以便修订时完善。

编　者

2020 年 9 月

目录
CONTENTS

实训项目及教学计划

项目/任务	实训内容	辅导课时	练习课时	测验考核	小计
项目一	**YC-IPSS01 智能供配电实训平台的认识与安装**	**2**	**2**	**2**	**6**
任务一	实训平台总体组成与功能的认知	0.5	0.5	0.5	
任务二	实训平台模块结构与功能的认知	0.5	0.5	0.5	
任务三	智能供配电实训平台模块的安装	1	1	1	
项目二	**高压配电装置的安全规范操作和继电保护整定**	**10**	**14**	**10**	**34**
任务一	高压负荷开关及其操动机构的运行与维护	1	1	1	
任务二	高压配电装置的运行与维护	1	1	1	
任务三	接地刀闸的运行与维护	2	2	2	
任务四	高压配电装置停送电操作	2	4	2	
任务五	继电保护整定计算及微机保护装置调试	2	4	2	
任务六	常用工具及仪表的使用	2	2	2	
项目三	**低压配电装置电气接线的设计与安装调试**	**10**	**16**	**10**	**36**
任务一	0.4 kV 低压配电装置的认知	2	2	2	
任务二	低压配电装置电气接线的设计	2	4	2	
任务三	低压配电装置设备安装与调试	2	6	2	
任务四	钳形电能表的规范使用	2	2	2	
任务五	万用表的规范使用	2	2	2	

续表

项目/任务	实训内容	辅导课时	练习课时	测验考核	小计
项目四	**低压配电装置的规范操作及故障排查**	**6**	**8**	**6**	**20**
任务一	操作票和工作票的办理	2	2	2	
任务二	低压配电装置停送电操作	2	2	2	
任务三	低压配电装置的故障设置和排查	2	4	2	
项目五	**能量管理系统的通信组网和操作**	**14**	**16**	**14**	**44**
任务一	能量管理系统信息化网络的组建	2	4	2	
任务二	负荷调节操作	2	2	2	
任务三	无功补偿装置的调试	2	2	2	
任务四	双电源自动投切调试	2	2	2	
任务五	远程抄表信息系统的设计	2	2	2	
任务六	负荷运行参数在线监测及智能分析	2	2	2	
任务七	手机 APP 在查询电力运行参数中的应用	2	2	2	
项目六	**电力监控系统通信组网和远程操作**	**4**	**6**	**4**	**14**
任务一	电力监控系统通信组网	2	4	2	
任务二	电力监控系统远程停送电操作	2	2	2	
项目七	**电力监控系统组态设计**	**10**	**14**	**10**	**34**
任务一	电力调度自动化系统“四遥”组态设计	3	3	3	
任务二	电力监控系统数据采集与处理组态设计	2	4	2	
任务三	电力监控系统的运行操作	2	4	2	
任务四	电力监控系统报警组态设计及应用	3	3	3	
项目八	**变电站一次系统仿真操作**	**4**	**4**	**4**	**12**
任务一	35 kV 变电站 102 支路送电操作	1	1	1	
任务二	35 kV 变电站 102 支路停电操作	1	1	1	
任务三	110 kV 变电站 1# 主变送电操作	1	1	1	
任务四	110 kV 变电站 1103 母联开关停电操作	1	1	1	
实训学时合计					**200**

项目一

YC-IPSS01智能供配电实训平台的认识与安装

任务一　实训平台总体组成与功能的认知

YC-IPSS01 型智能供配电实训平台是根据目前各院校“供配电技术”“工厂供电”“电工基础”“PLC 控制技术”和“电力系统继电保护原理”等多门专业课程的教学内容，结合工业现场供配电技术的应用和发展，设计开发的供配电自动化及智能管理平台。

智能供配电实训平台由高压配电装置、变压器、电源、低压配电装置、运行管理装置及智能电力监控装置组成。平台采用模块化结构，技术先进、经济实用、安全可靠、平台开放，该平台和工业现场供配电系统相同，以真实直观的方式对学生进行专业技能训练。实训平台如图 1.1.1 所示。

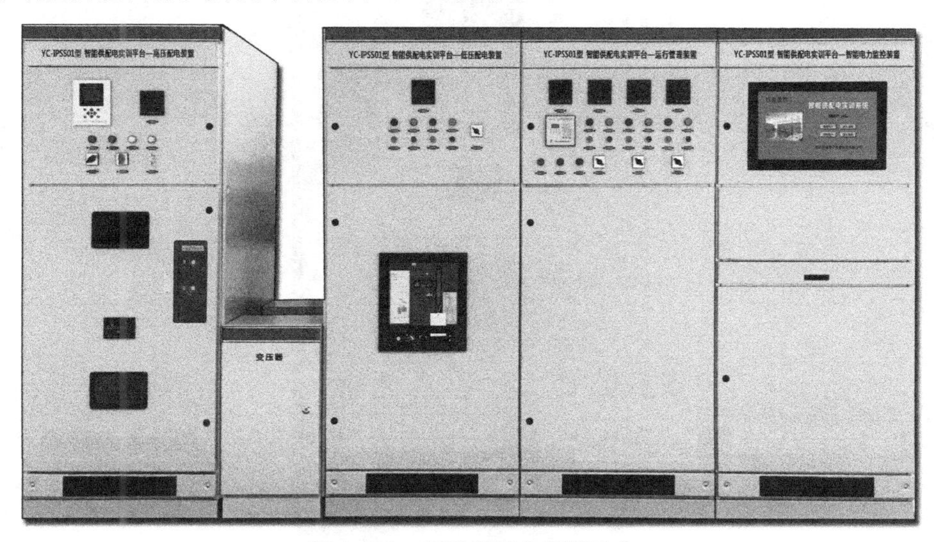

图 1.1.1　智能供配电实训平台

任务二　实训平台模块结构与功能的认知

智能供配电实训平台由高压配电装置、变压器、电源、低压配电装置、运行管理装置及智能电力监控装置组成。其中电源在变压器的后面。

1.2.1　高压配电装置

高压配电装置在配电网中起通断、控制或保护等作用。本次供配电系统中高压配电装置适用于三相交流额定电压 10 kV、工频 50 Hz 的电力系统。柜体由 4 根立柱、上盖板、下底板、前面板、后背板、侧板等组成。开关室上有观察窗，可观察高压负荷开关和接地开关所处的位置。

高压配电装置主要由高压负荷开关、接地开关、微机保护装置、二次控制元件以及指示元件组成。装置如图 1.2.1 所示。

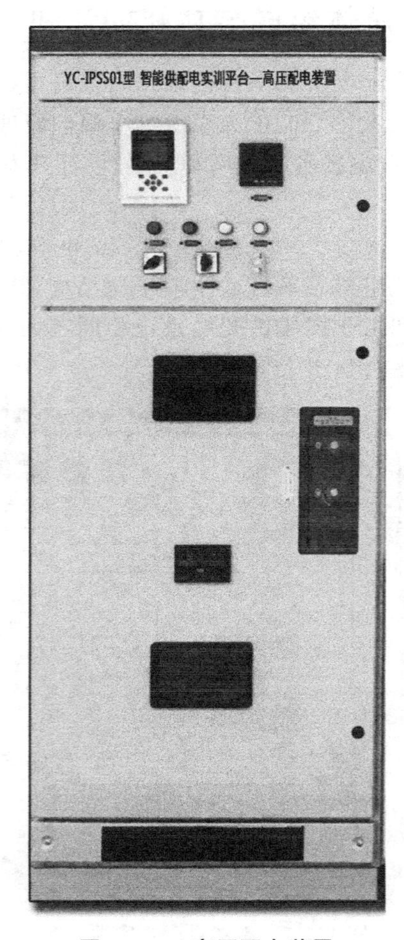

图 1.2.1　高压配电装置

1.2.2　低压配电装置

低压配电装置用于额定电压 380 V、频率 50 Hz 的配电系统。在系统中作为动力、照明及配电的电能转换及控制之用。该装置具有分断能力强、动热稳定性好、组合方便、实用性强等特点。

低压配电装置主要由万能式框架断路器、塑壳断路器、故障设置装置、二次控制元件以及指示元件组成。装置如图 1.2.2 所示。

1.2.3　运行管理装置

运行管理装置由负荷控制模块、负荷模拟模块以及能量管理系统组成。装置如图 1.2.3 所示。

图 1.2.2　低压配电装置

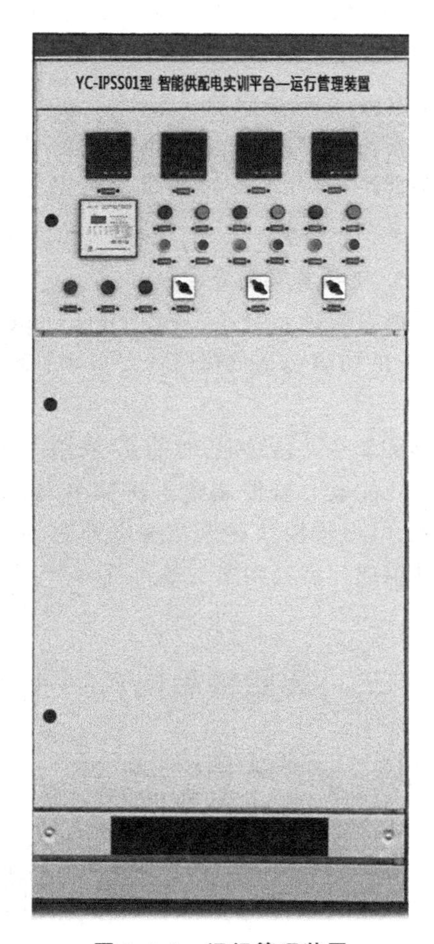

图 1.2.3　运行管理装置

1. 负荷控制模块

负荷控制模块由低压母线、双电源自动切换装置、进线断路器、出线断路器、中间继电器、主令电器、电流表、电力参数采集模块、无功补偿模拟装置、智能控制模块以及通信系统总线组成。

目前供配电系统中运行的有分散负荷控制装置和集中负荷控制系统。本系统为集中负荷控制,主要由通信网络总线、通信接口装置以及负荷监控与管理软件组成。计算机通过通信接口装置和各个仪表以及智能控制器进行通信。计算机采用 OPC 技术采集各个负荷的电力参数,通过可编程逻辑控制器(programmable logic control,PLC)运算,判断是否需要进行远程的负荷投切操作。

图 1.2.4　智能电力监控装置

2. 负荷模拟模块

负荷模拟模块,主要由电流信号发生装置模拟负荷运行,各个支路的负荷可以通过手动或者自动来调节大小。

3. 能量管理系统

能量管理系统(energy management system,EMS)的内容包括负荷监控与自动管理。

1.2.4　智能电力监控装置

智能电力监控装置由通信单元、工业控制计算机、电力监控软件以及变电站主接线模拟操作软件组成。装置如图 1.2.4 所示。

任务三　智能供配电实训平台模块的安装

1.3.1　柜子摆放

1. 摆放顺序

从左向右依次摆放:高压配电装置、变压器(前)、电源(后)、低压配电装置、运行管理装置、智能电力监控装置,如图 1.1.1 所示。

2. 摆放距离

柜后距离≥0.8 m,柜前距离≥2 m,左右距离≥0.6 m。

摆放时，要求各个柜子的前面板需在一条直线上。

1.3.2 并柜

1. 配电装置并柜

低压配电装置和运行管理装置、运行管理装置和智能电力监控装置前后各固定两颗螺丝，螺丝固定在立柱孔中，上、下各一个，如图 1.3.1 所示。

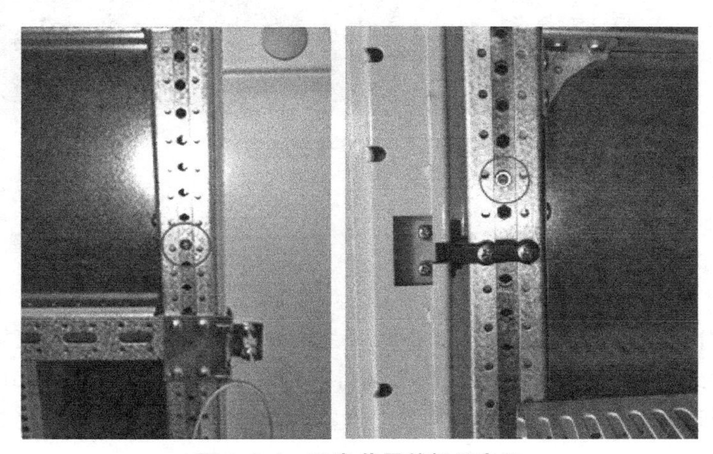

图 1.3.1 配电装置并柜示意图

2. 零地排并柜

低压配电装置与运行管理装置之间用连接片连接（位置在柜子前面板的下方位置），如图 1.3.2 所示。

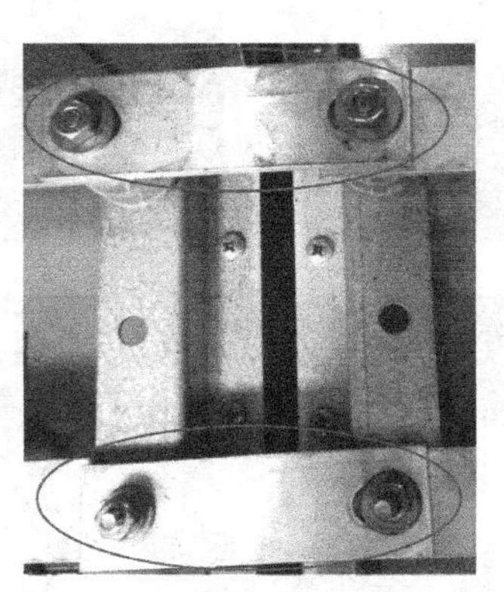

图 1.3.2 零地排并柜示意图

3. 母排并柜

松掉低压配电装置与运行管理装置之间母排绝缘夹上面的螺丝，取下母排绝缘夹上盖，把母排按对应的相序放入母排绝缘夹中，先装低压配电装置上的 3 颗螺丝，再装运行管理装置上的 6 颗螺丝(注意先把螺丝拧上去，但不要拧紧，等所有螺丝都拧上后，再拧紧螺丝)，最后拧上母排绝缘夹上的螺丝，如图 1.3.3 所示。

图 1.3.3 母排并柜示意图

1.3.3 二次线的连接

1. 智能电力监控装置二次线的连接

将电力监控装置中的负载与运行管理装置中的电源端子连接，在智能电力监控装置中找到 4 组负载的接线端子，与运行管理装置中的 4QF、5QF、6QF、7QF 负载电源端子连接，如图 1.3.4 所示。

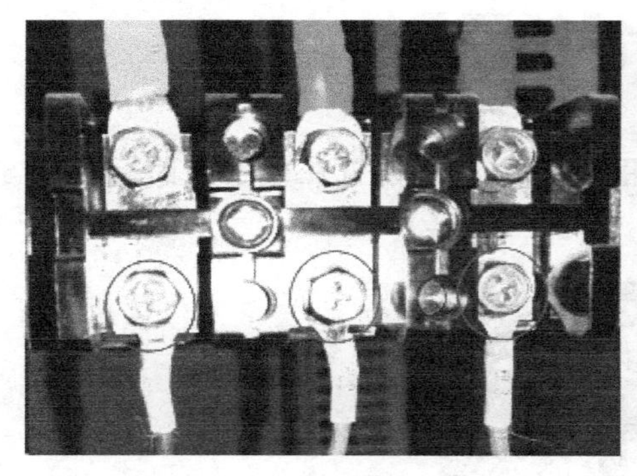

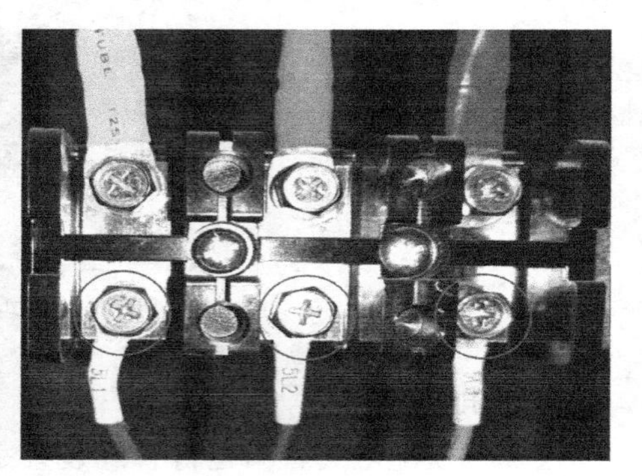

图 1.3.4 运行管理装置三相电缆及接线端子

在智能电力监控装置中找出220 V电源线，经线槽对接好插头，由低压配电装置电缆出线孔引出到电源箱接至PLC控制电源空气开关(简称空开)下口，如图1.3.5所示。

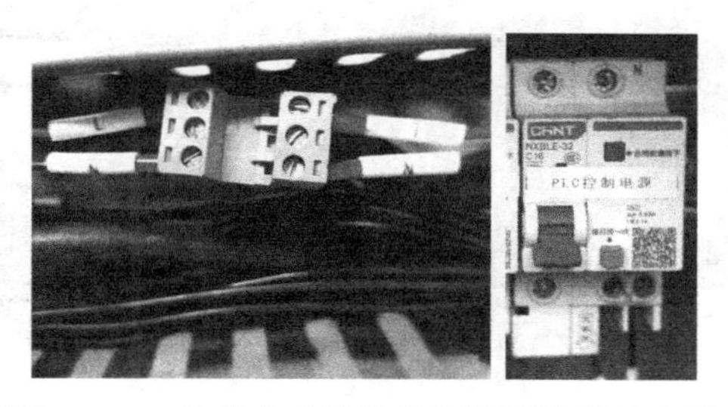

图1.3.5 智能电力监控装置电源接线示意图

2. 运行管理装置二次线的连接

按照线号的正确对应关系将智能电力监控装置和运行管理装置二次线用插头连接，如图1.3.6所示。

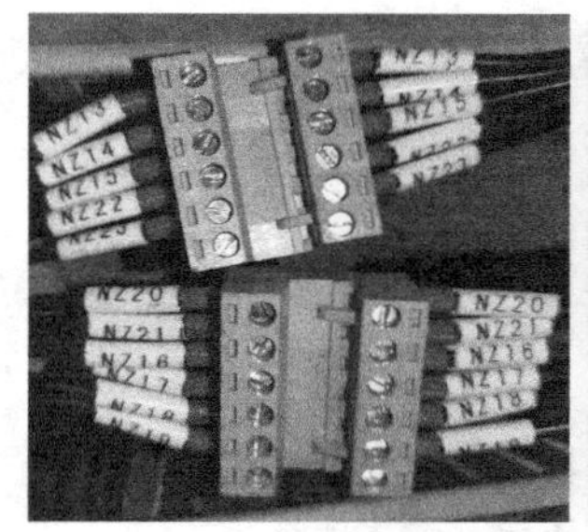

图1.3.6 运行管理装置二次线连接示意图

3. 低压配电装置二次线的连接

按照线号的正确对应关系将智能电力监控装置和低压配电装置二次线用插头连接，如图1.3.7所示。

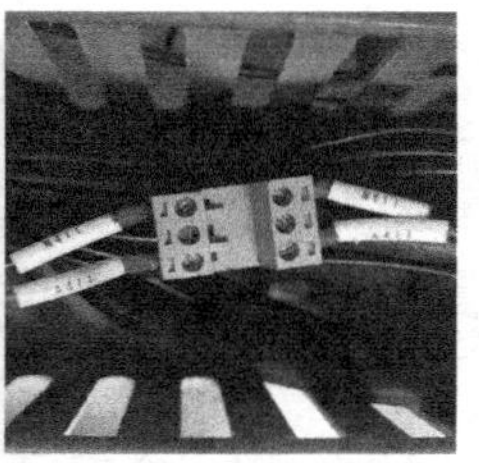

图1.3.7 低压配电装置二次线连接示意图

4. 高压配电装置二次线的连接

按照线号的正确对应关系将智能电力监控装置和高压配电装置二次线用插头

连接。接通高压配电装置二次控制电源，使用电缆连接高压配电装置二次控制电源端子与电源箱中控制电源端子，如图 1.3.8 所示。

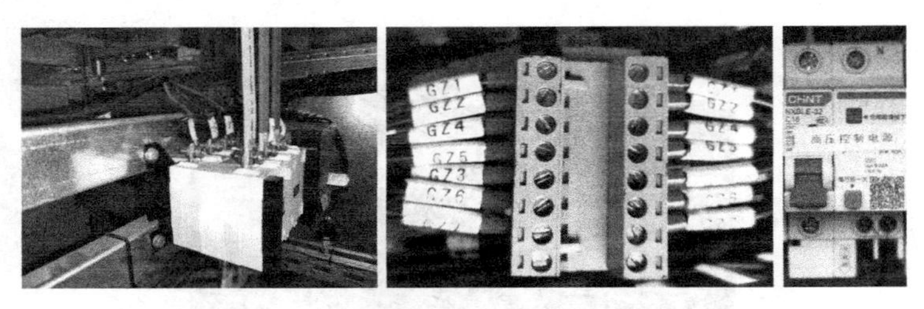

图 1.3.8 高压配电装置二次线连接示意图

1.3.4 一次线的连接

1. 运行管理装置一次线的连接

用电缆接通运行管理装置备用电源与变压器电源箱中的备用电源，如图 1.3.9 所示。

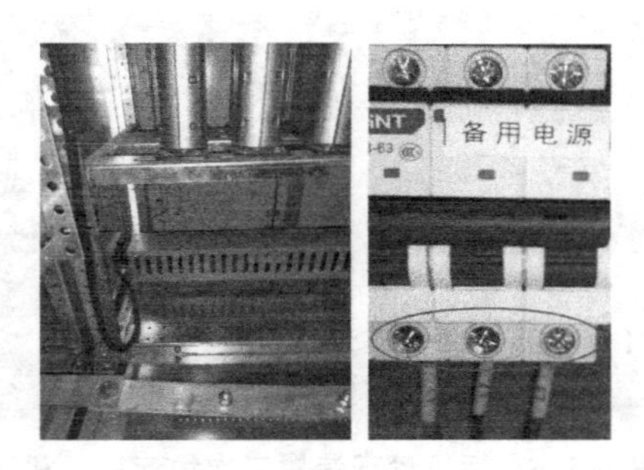

图 1.3.9 运行管理装置一次线连接示意图

2. 低压配电装置一次线的连接

接通变压器与低压配电装置进线电源，用电缆接通变压器出线侧电源端子与低压配电装置进线电源端子，如图 1.3.10 所示。

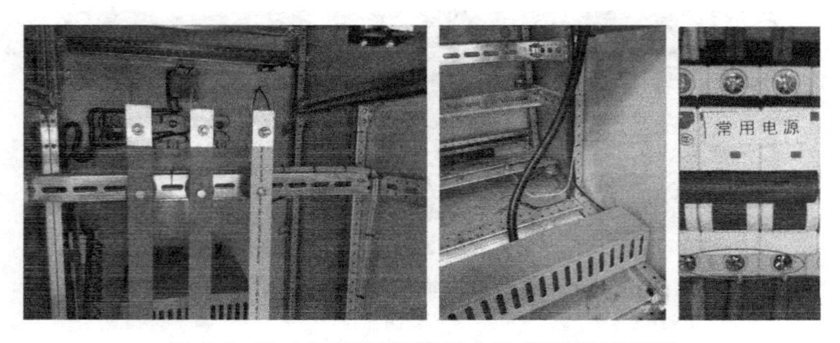

图 1.3.10 低压配电装置一次线连接示意图

3. 变压器一次线的连接

接通高压配电装置与变压器电源，用电缆接通变压器进线侧电源端子与高压配电装置出线电源端子，如图 1.3.11 所示。

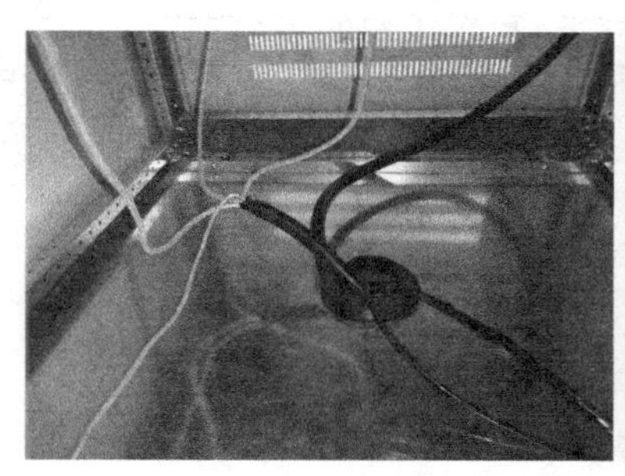
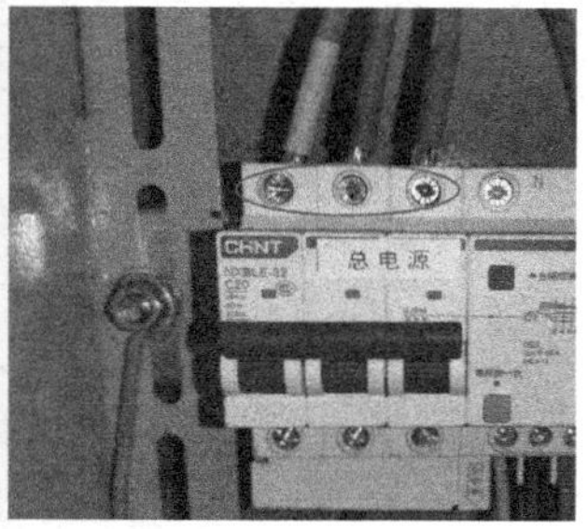

图 1.3.11　变压器一次线连接示意图

4. 高压配电装置一次线的连接

接通电源箱与高压配电装置电源，用电缆接通高压配电装置进线电源端子与电源箱对应的端子，如图 1.3.12 所示。

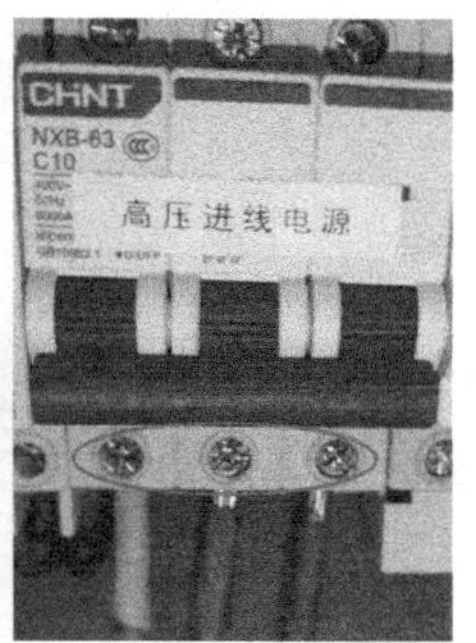

图 1.3.12　高压配电装置一次线连接示意图

5. 电源箱的一次线连接

电源箱电源必须要求为三相五线制电源，电压为 380 V，进线电缆不小于 2.5 mm^2，要求火线和零线接至电源空开，PE 线接至地排上，如图 1.3.13 所示。

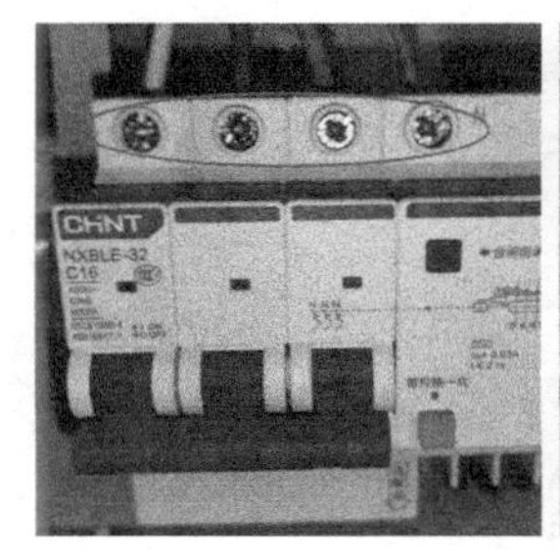

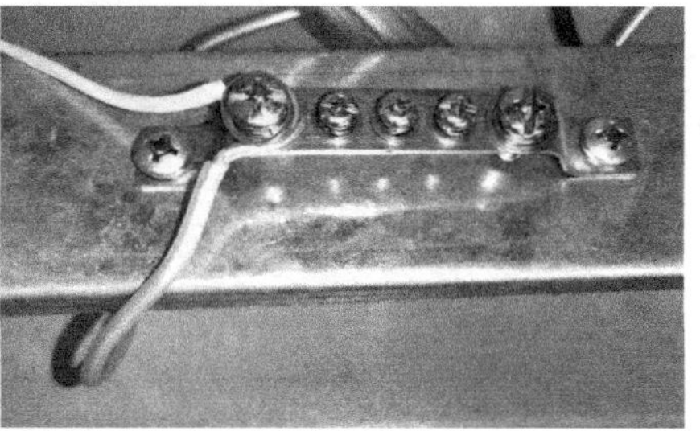

图 1.3.13　电源箱一次线连接示意图

1.3.5 注意事项

项目一 彩图

接线时,应注意以下两点:

(1) 布线需整齐,不要出现交叉、打折、刮伤线皮的现象。

(2) 接线完毕后需轻轻拉扯一下,防止虚接。

项目二

高压配电装置的安全规范操作和继电保护整定

任务一　高压负荷开关及其操动机构的运行与维护

2.1.1　实训目的

(1) 熟悉高压负荷开关的结构及原理。

(2) 熟悉高压负荷开关的检修维护。

(3) 熟悉高压负荷开关的操作。

2.1.2　实训内容及指导

1. 高压负荷开关的结构、原理、操作机构的认识

高压负荷开关主要由框架、隔离开关(组合器的限流熔断器在隔离开关上)、真空开关管、接地开关、弹簧操作机构等组成。产品结构紧凑、体积小、寿命长、关合开断能力强、操作维护简便。真空开关配有弹簧操作机构,采用电动机(另配手动)弹簧储能,合闸方式有电磁铁合闸和手动分、合闸两种。隔离开关、真空开关、接地开关之间互相联锁(机械联锁),以防止误操作,如图 2.1.1 所示。

高压负荷开关具有简单的灭弧装置,可以在额定电压和额定电流的条件下,接通和断开电路。但由于高压负荷开关的灭弧结构是按额定电流设计的,因此不能切断短路电流。高压负荷开关在结构上与高压隔离开关相似,有明显的断开点,在性能上与断路器相近,是介于高压隔离开关与高压断路器之间的一种高压电器。

当将高压负荷开关与高压熔断器配合使用时,由高压负荷开关分、合正常负载电路,由高压熔断器分断短路电流。高压负荷开关串联高压熔断器的组合方式常应用于 10 kV 及以下、小容量的配电系统中。

图 2.1.1 高压负荷开关

2. 高压负荷开关的图形符号

高压负荷开关的型号含义如图 2.1.2 所示。有 FN 户内型、FW 户外型、FZ 真空型、FL 六氟化硫型。

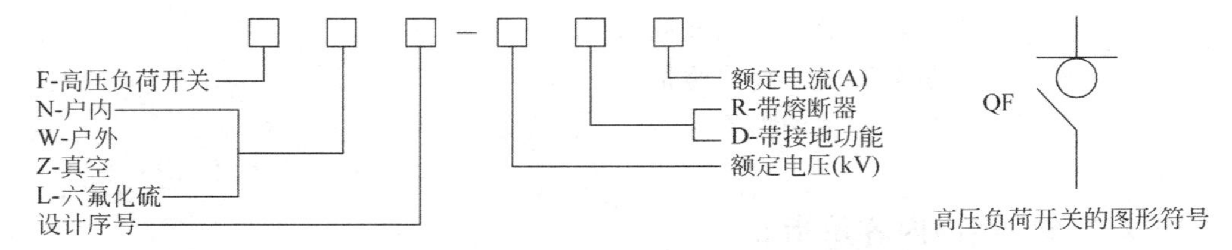

图 2.1.2 高压负荷开关的型号含义和图形符号

3. 高压负荷开关的巡视检查内容

高压负荷开关巡视检查的周期规定如下：

(1) 变、配电所有人值班的，每班巡视一次；无人值班的，每周至少巡视一次。

(2) 特殊情况下(雷雨后、事故后、连接点发热未进行处理之前)应增加特殊巡视检查次数。

高压负荷开关巡视检查的内容规定如下：

(1) 瓷绝缘应无掉瓷、破碎、裂纹以及闪络放电的痕迹，表面应清洁。

(2) 连接点应无腐蚀及过热的现象。

(3) 应无异常声响。

(4) 动、静触点接触应良好，应无发热现象。

(5) 操动机构及传动装置应完整，无断裂，操作杆的卡环及支持点应无松动和脱落的现象。

(6) 负荷开关的消弧装置应完整无损。

4. 高压负荷开关应配合使用的熔断器

与高压负荷开关配合使用的熔断器(图 2.1.3)有 RN1、RN3、RN5 型。

5. 高压负荷开关的安装维护要求

图 2.1.3　高压高分断能力熔断器

高压负荷开关在安装维护时应当遵守以下的规定:

(1) 负荷开关的刀片应与固定触点对准,并接触良好。

(2) 10 kV 高压负荷开关各极的刀片与固定触点应同时接触,其前后相差不大于 3 mm。

(3) 户外高压柱上负荷开关的拉开距离应大于 175 mm。

(4) 户内压气式负荷开关的拉开距离应为(182±3) mm。

(5) 负荷开关的固定触点一般接电源侧,垂直安装时,固定触点在上侧。

(6) 负荷开关的传动装置部件应无裂纹和损伤,动作应灵活。

(7) 负荷开关的拉杆应加保护环。

(8) 负荷开关的延长轴、轴承、联轴器及曲柄等传动零件应有足够的机械强度,联轴杆的销钉不应焊死。

(9) 依墙安装的负荷开关与进线电缆的连接宜经过母线。

6. 高压负荷开关的保护跳闸

环网柜从本质上说就是负荷开关柜,只是由于被应用在环网供电方面,因此被人们称为环网柜。环网柜的结构比较简单,价格也相对低廉,常用在配电及线路保护方面。

环网柜的主要电气元件是负荷开关和熔断器,熔断器内装有可弹启动的撞击器,如图 2.1.4 所示,当一相熔断器熔断时,撞击头弹起,撞击脱扣连杆,如图 2.1.5 所示,使负荷开关三相联动跳闸切除故障电流,这样避免了因一相熔断器熔断造成两相供电的事件发生,负荷开关熔丝熔断后击发脱扣连杆,如图 2.1.6 所示。

图 2.1.4　高压高分断能力熔断器

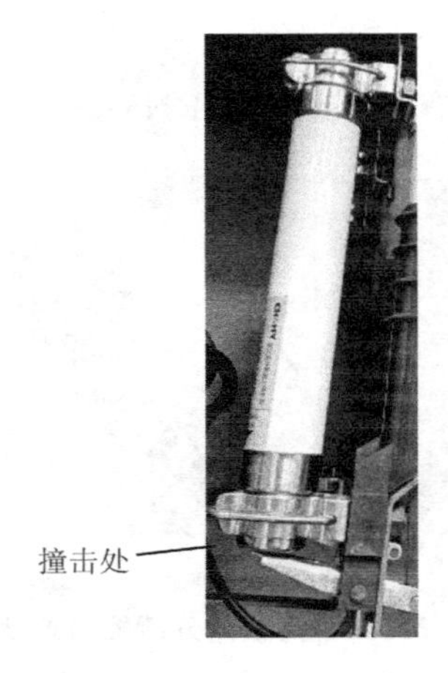

图 2.1.5 撞击脱扣连杆

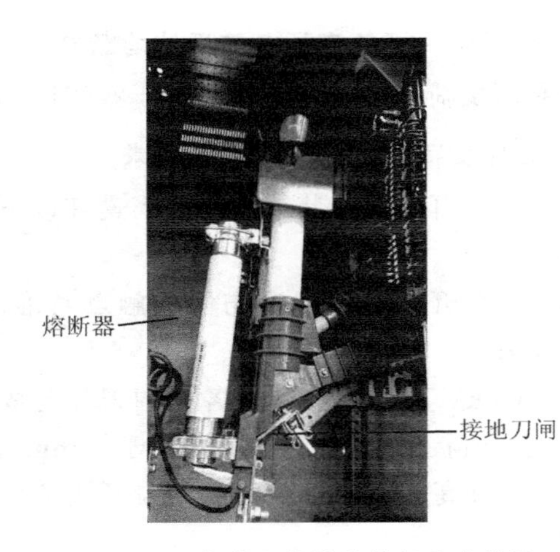

图 2.1.6 负荷开关熔丝熔断击发装置

熔断器安装时应将撞击器向上，对准熔断击发装置，否则将会造成供电系统缺相运行事故。

7. 高压负荷开关的倒闸操作

1）停电操作

(1) 检查绝缘手套的绝缘性，确认其良好后戴上绝缘手套，如图 2.1.7 所示。

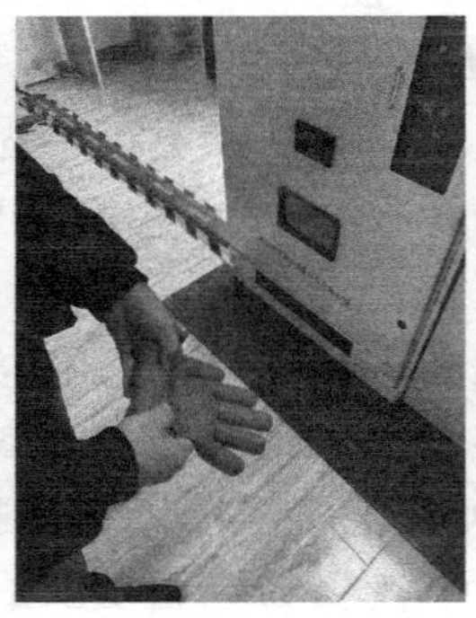

图 2.1.7 绝缘手套检查方法

(2) 拉开高压配电装置 IS 负荷开关。

(3) 检查高压配电装置 IS 负荷开关，确保其在分闸位置，如图 2.1.8 所示。

(4) 合上高压配电装置 ES 接地开关，如图 2.1.9 所示。

(5) 检查高压配电装置 ES 接地开关，确保其在合闸位置，如图 2.1.10 所示。

(6) 在高压配电装置 IS 负荷开关上悬挂“禁止合闸 有人工作”标识牌，如图 2.1.11 所示。

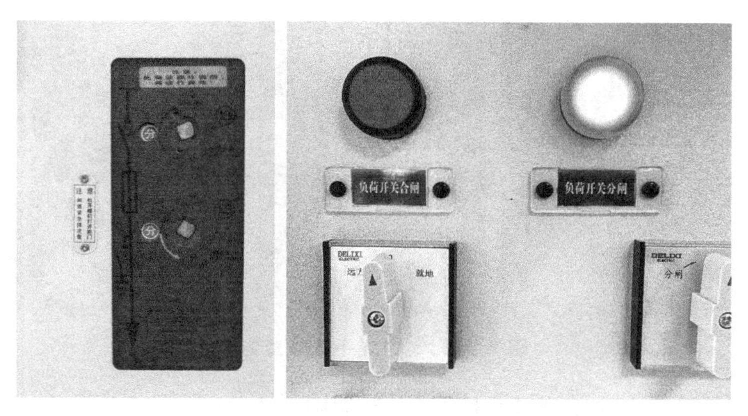

图 2.1.8　确保高压配电装置 IS 负荷开关在分闸位置

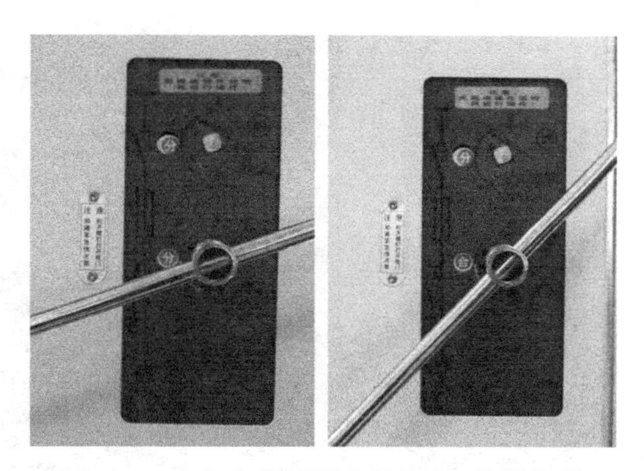

图 2.1.9　合上高压配电装置 ES 接地开关

图 2.1.10　确保高压配电装置 ES 接地开关在合闸位置

图 2.1.11　悬挂标识牌

（7）摘下绝缘手套。

2）送电操作

（1）检查绝缘手套的绝缘性，确认其良好后戴上绝缘手套，如图 2.1.12 所示。

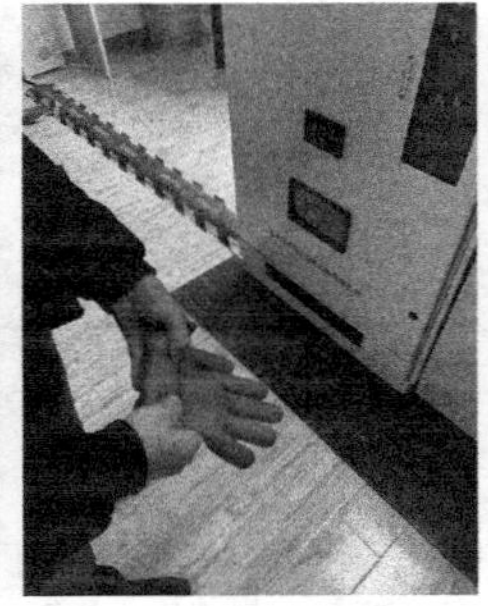

图 2.1.12 绝缘手套检查方法

(2) 拉开高压配电装置 ES 接地开关，如图 2.1.13 所示。

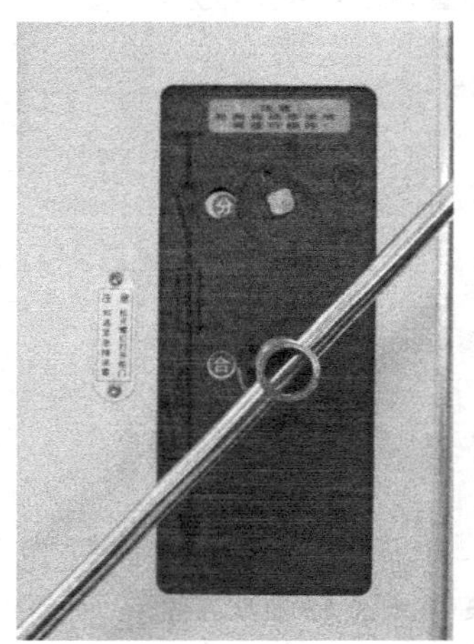

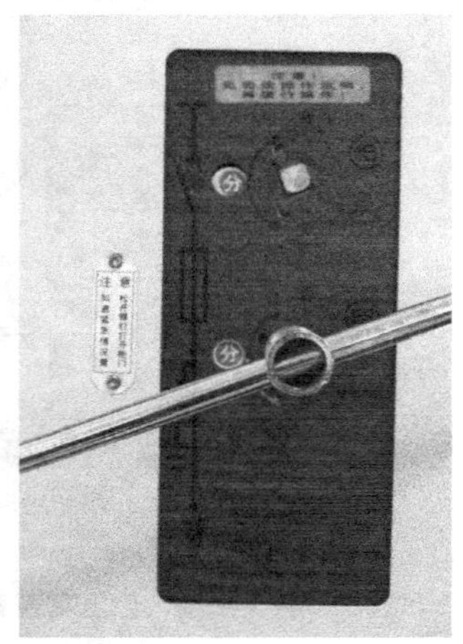

图 2.1.13 拉开高压配电装置 ES 接地开关

(3) 检查高压配电装置 ES 接地开关，确保其在分闸位置，如图 2.1.14 所示。

图 2.1.14 确保高压配电装置 ES 接地开关在分闸位置

(4) 合上高压配电装置 IS 负荷开关。

(5) 检查高压配电装置 IS 负荷开关,确保其在合闸位置,如图 2.1.15 所示。

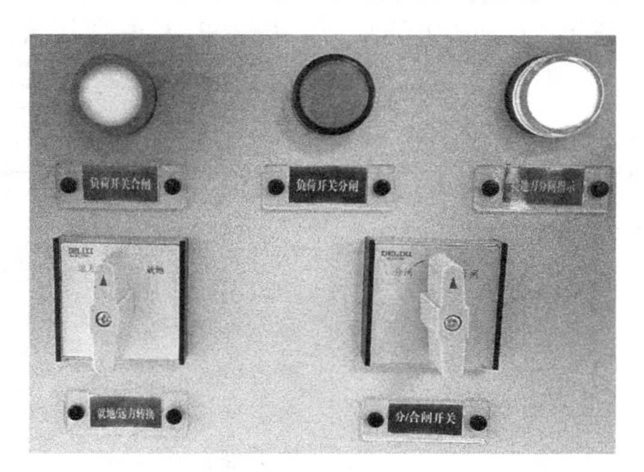

图 2.1.15　确保高压配电装置 IS 负荷开关在合闸位置

(6) 取下高压配电装置 IS 负荷开关上悬挂的“禁止合闸 有人工作”标识牌。

(7) 摘下绝缘手套。

2.1.3　实训思考与练习

(1) 总结高压负荷开关的结构、原理、操动机构。

(2) 总结高压负荷开关使用及维护中的注意事项。

(3) 总结高压负荷开关的操作步骤。

任务二　高压配电装置的运行与维护

2.2.1　实训目的

(1) 了解金属铠装封闭式开关柜的结构。

(2) 了解金属铠装封闭式开关柜的联锁注意事项。

(3) 了解二次回路故障现象。

2.2.2　实训内容及指导

1. 认识金属铠装封闭式开关柜结构

金属铠装封闭式开关柜具有单元小型化配置、技术先进、结构简单、操作灵活、联锁可靠等特点,适用于三相交流 50 Hz、额定电压 10 kV 的户内配电装置。柜体由 4 根立柱、上盖板、下底板、前面板、后背板、侧板等组成。装置门上有观察窗,可观察高压负荷开关和接地开关所处的位置。

金属铠装封闭式开关柜采用规范部件：选用高压负荷开关、接地刀闸、微机保护装置、仪用互感器、二次控制元件、避雷器，将这些部件进行组合。产品具有可靠的机械联锁装置，可满足“五防”功能要求，表 2.2.1 为高压配电装置设备主要配置表。

表 2.2.1　平台设备主要配置表

序号	名　称	技 术 参 数
1	壳体	外壳尺寸：800 mm×900 mm×1 900 mm
2	高压负荷开关	额定电压：12 kV 额定频率：50 Hz 额定电流：650 A 额定峰值耐受电流：50 kA 熔断器：SDLAJ-12 电动操作电压：220 V 接地开关：JN3-12
3	微机综保装置	额定电压：AC/DC 220 V 最大功耗：小于 10 W 电压测量范围：0～120 V 电流测量范围：0～5 A 接点负载：交流 220 V、5 A 通讯方式：RS485
4	继电保护信号模拟装置	能够模拟输出继电保护信号

2. 金属铠装封闭式开关柜的安装

(1) 柜体单列时，柜前走廊以 2.5 m 为宜；双列布置时，柜间操作走廊以 3 m 为宜。

(2) 按工程需要，在图样上标明，将开关柜运到特定的位置，如果一排较长的开关柜排列(为 10 台以上)，拼柜工作应以中间部位开始。

(3) 开关柜在运输过程中，应使用特定的运输工具(如起重设备或叉车)，严禁使用滚筒撬棍。

(4) 开关柜中的母线均采用矩形母线，且为分段形式，当选用不同电流时，所选用的母线数量规格不一。

(5) 用清洁干燥的软布擦拭母线，检查绝缘套管有否损伤，在连接部位涂上导电膏或者是中性凡士林。

(6) 一台柜接一台柜地安装母线，将母线段和对应的分支小母线接在一起，拴接时应插入合适的垫块，用螺栓拧紧。

(7) 用预设的连接板将各柜的接地母线连接在一起。

(8) 在开关柜内部连接所有需要接地的引线。

(9) 将接地开关的地线与开关接地主母线连接。

3. 金属铠装封闭式开关柜安装后的检查

当开关柜安装就位后，清除柜内设备上的灰尘杂物，然后检查全部紧固螺栓有无松动，接线有无脱落，将高压负荷开关进行分、合闸动作，观察有无异常。根据线路图检查二次接线是否正确，对继电器进行调整，检查联锁是否有效。

4. 使用联锁时的注意事项

(1) 开关柜的联锁功能是以机械联锁为主、辅以电气联锁实现的，功能上能实现开关柜“五防”闭锁的要求，但是操作人员不能因此而忽视操作规程的要求，只有规程制度与技术手段相结合才能有效发挥联锁装置的保障作用，防止误操作的发生。

(2) 开关柜的联锁功能的投入与解除，大部分是在正常操作过程中同时实现的，不需要额外的操作步骤。如发现操作受阻，如操作阻力增大，应首先检查是否有误操作，而不应强行操作，以致损坏设备，甚至导致操作事故的发生。

(3) 开关柜有些联锁因特殊需要允许紧急解锁，如柜体下面板和接地开关的联锁，紧急解锁的使用必须慎重，不宜经常使用，使用时也要采取必要的防护措施，一经处理完毕，应立即恢复联锁原状。

5. 微机保护装置参数设置

本保护装置配置有三段式电流保护、高温报警及超温跳闸等保护。

(1) 单击装置中间的“确定”按钮打开主菜单，如图 2.2.1 所示。

(2) 在主菜单界面中选择“定值”，单击“确定”按钮，进入定值界面，如图 2.2.2 所示。

(3) 在定值界面中选择“整定”，单击“确定”按钮，进入整定定值界面，如图 2.2.3 所示。

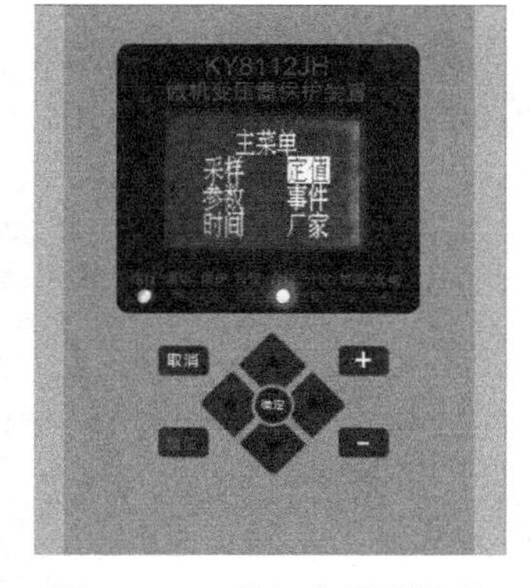

图 2.2.1　微机变压器保护装置主菜单界面

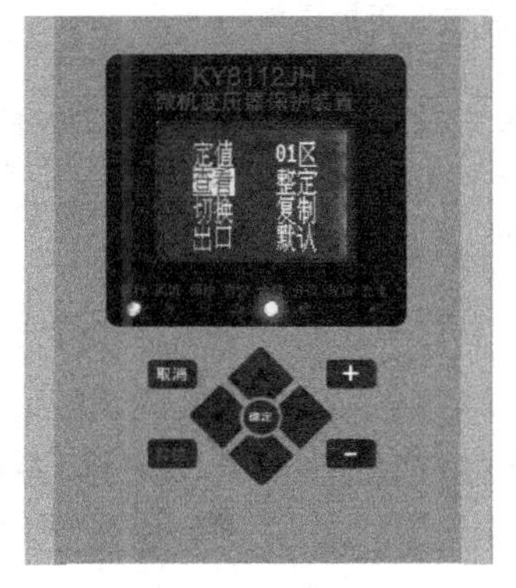

图 2.2.2　微机变压器保护装置定值界面

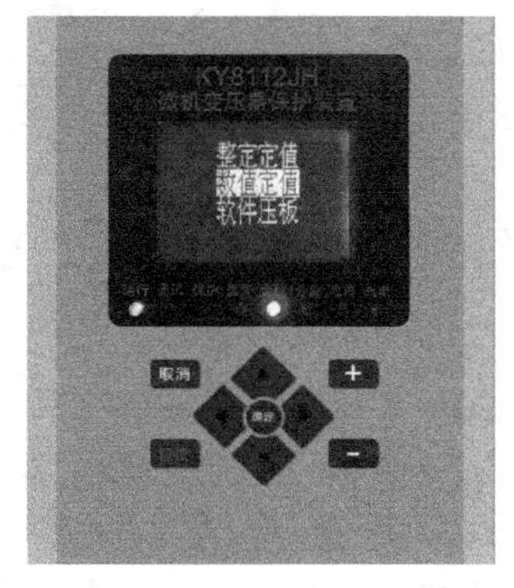

图 2.2.3　微机变压器保护装置整定定值界面

(4) 在整定定值界面,选择“数值定值”,单击“确定”按钮,设置三段式电流整定值和时限(整定值≤1 A 时故障模拟生效),如图 2.2.4 所示。

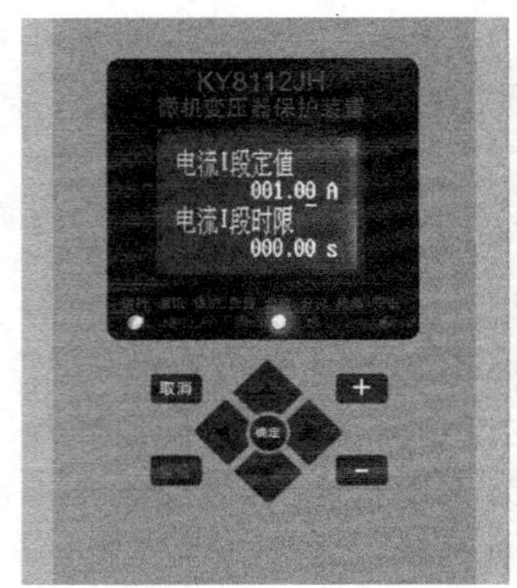

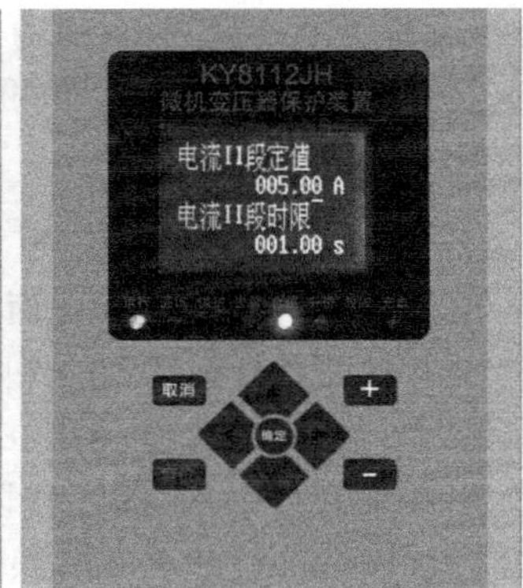

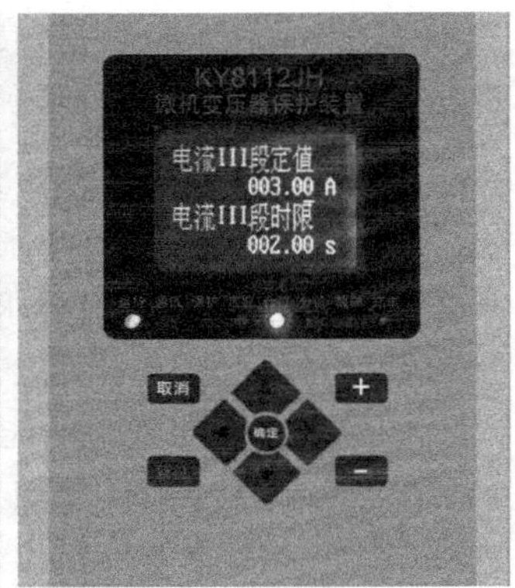

图 2.2.4 微机变压器保护装置三段式电流整定值和时限设置操作示意图

(5) 返回整定定值界面,选择“软件压板”,单击“确定”按钮,进入软件压板设置界面,如图 2.2.5 所示。

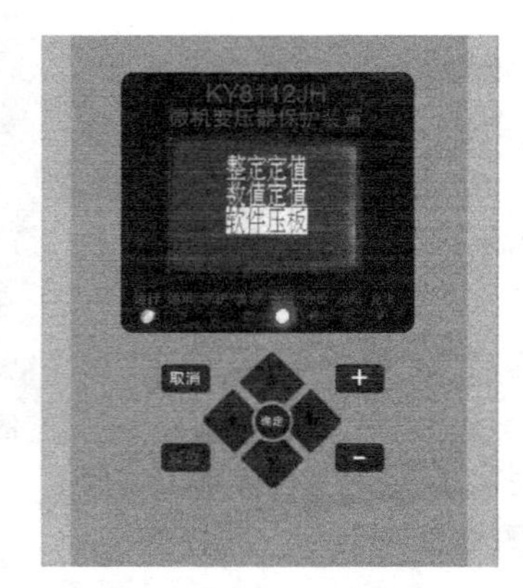

图 2.2.5 微机变压器保护装置选择软件压板界面

(6) 将电流Ⅰ段投入切换至投、电流Ⅱ段投入切换至投、电流Ⅲ段投入切换至投、高温告警投入切换至投、超温保护投入切换至投,如图 2.2.6 所示。

(7) 输入完成后单击“确定”,输入密码“8888”,单击“确定”,完成设定。

6. 微机继电保护测试

1) 高温报警故障设置及恢复

(1) 在智能电力监控装置上双击 YC-PMCS02 电力监控系统的图标,弹出“用户认证”窗口。

在“用户认证”窗口中选择用户“学生”,输入密码,单击“登录”,如图 2.2.7 所示。

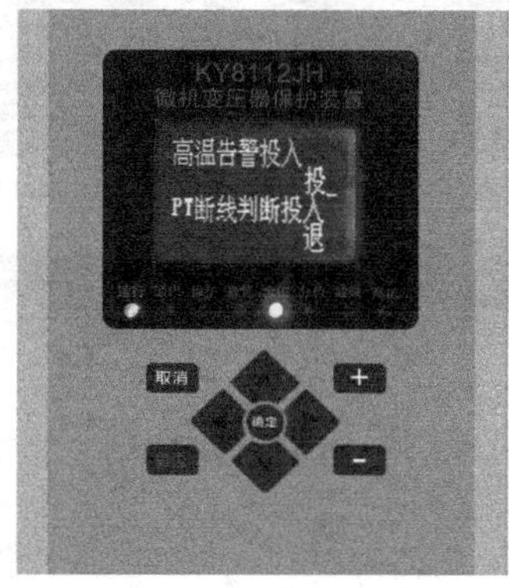

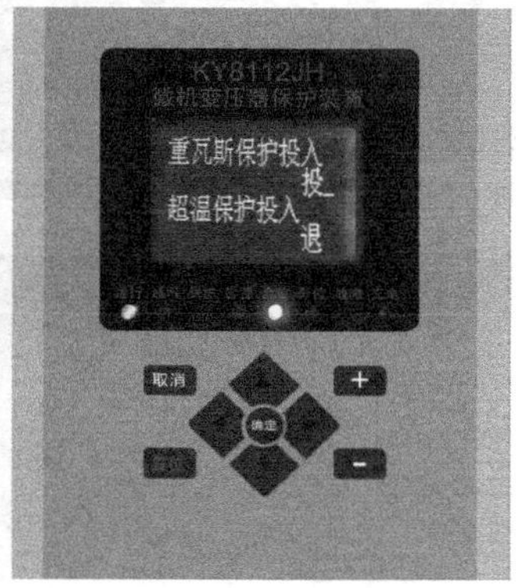

图 2.2.6　微机变压器保护装置软件压板切换操作示意图

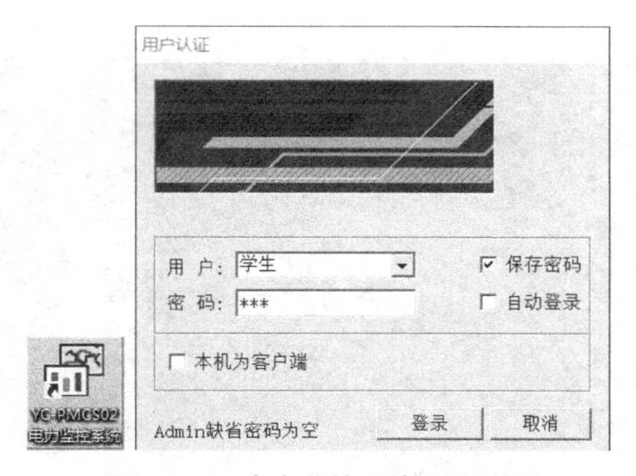

图 2.2.7　电力监控系统登录界面

进入 YC-PMCS02 电力监控系统主界面，单击“登录系统”进入系统，弹出对话框，选择用户“学生”，输入密码，单击“执行”，如图 2.2.8 所示。

(2) 进入电力监控一次系统界面，如图 2.2.9 所示。

(3) 单击“故障设置”按钮，弹出“操作信息确认”界面，选择用户“学生”，输入密码，单击“执行”，进入故障设置界面，如图 2.2.10 所示。

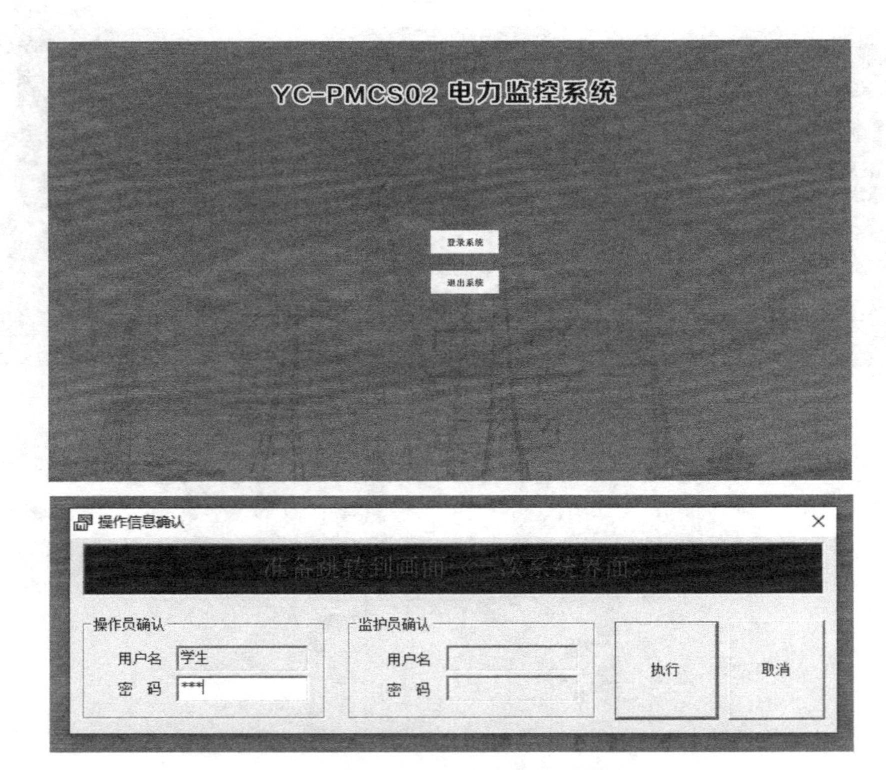

图 2.2.8 电力监控系统主界面

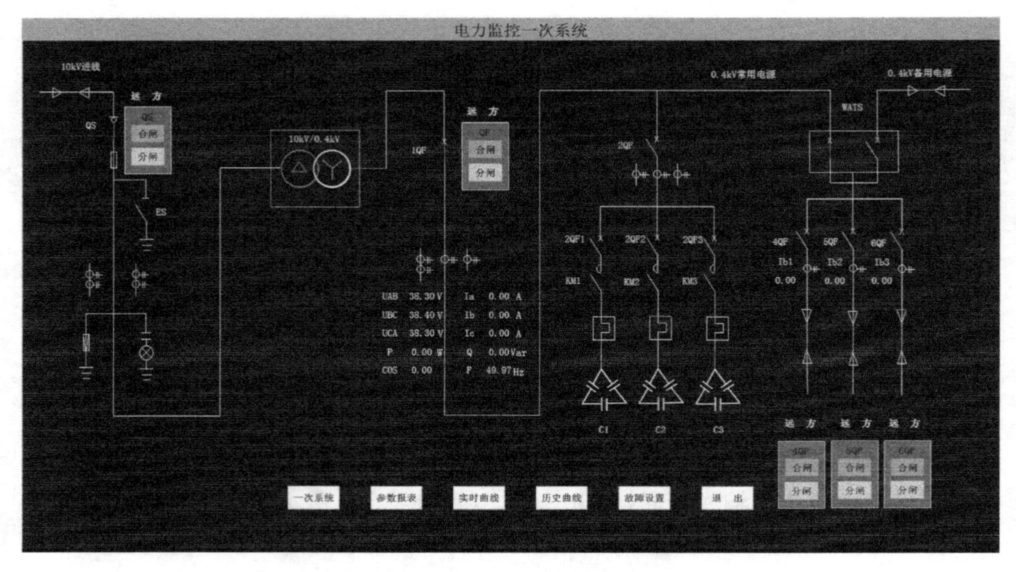

图 2.2.9 电力监控一次系统界面

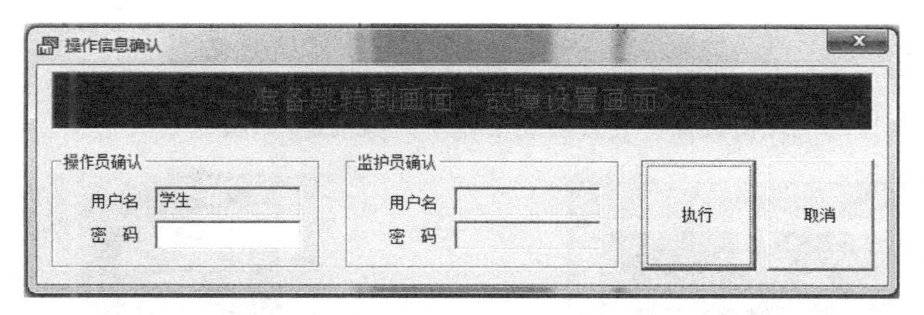

图 2.2.10　故障设置登录界面

故障设置界面(图 2.2.11)由三个功能组成：

① 高压保护试验,可以投入高温报警与超温跳闸信号,微机保护装置检测到信号后发生动作输出；

② 低压配电装置故障设定,单击“故障设定”,完成故障设定,单击“故障复位”,取消故障；

③ 电流调节,总共有 10 挡电流调节挡位,按下不同的挡位按钮会有不同的电流数值,微机保护装置会根据设定的三段式电流值,发出相应动作。

这里先设置高温报警试验：单击“高温报警试验”后面的按键,发现其变红即设置成功,其事件已被记录在保护装置当中,如图 2.2.11 所示。

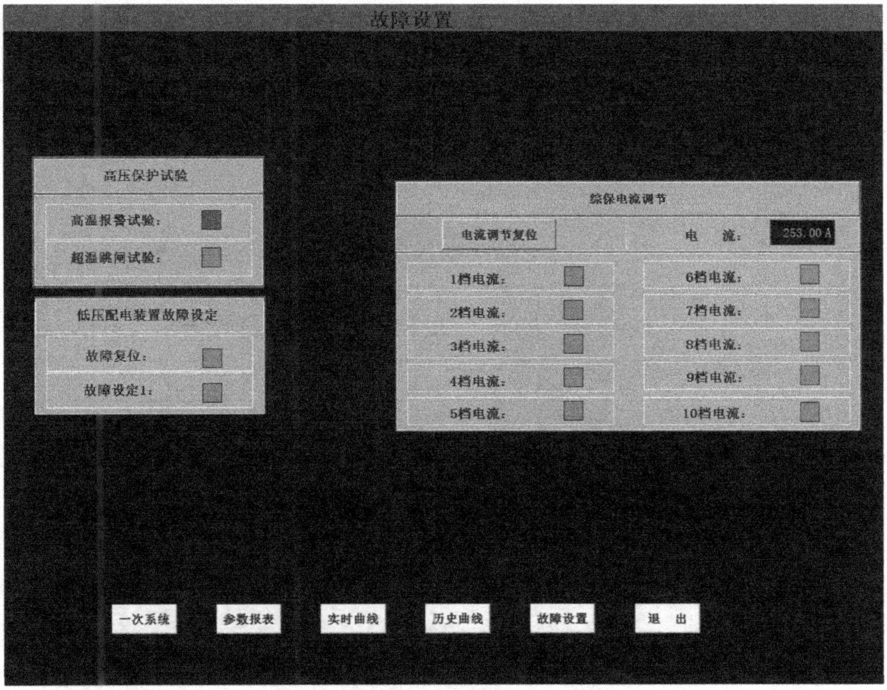

图 2.2.11　故障设置界面

(4) 故障设置完成后单击“退出”按钮，返回主界面，选择用户“学生”，输入密码，单击“退出”退出系统，如图 2.2.12 所示。

(5) 这时发现微机保护装置已经出现了高温报警，如图 2.2.13 所示。

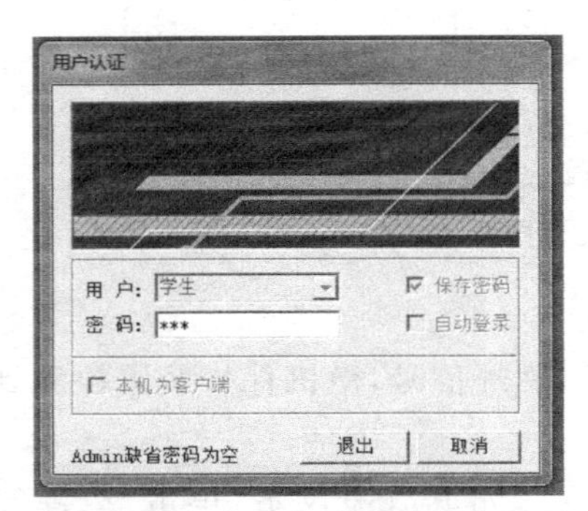

图 2.2.12 电力监控系统退出界面

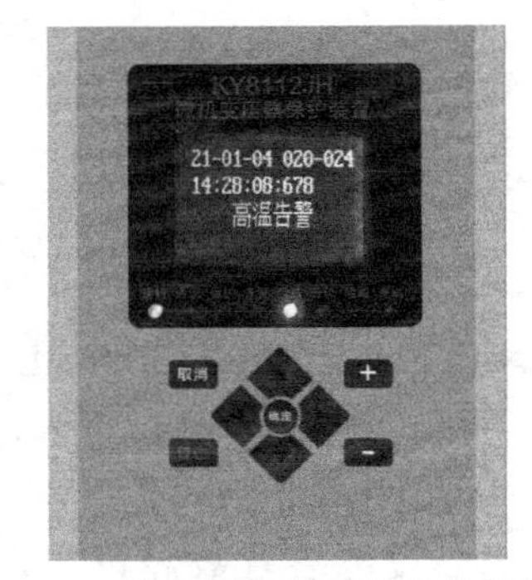

图 2.2.13 微机保护装置高温告警示意图

(6) 故障复位：单击保护装置上面的“复位”按钮即可完成复位。

2) 超温跳闸故障设置及恢复

(1) 进入 YC-PMCS02 电力监控系统的故障设置界面。

(2) 设置超温跳闸试验：单击“超温跳闸试验”后面的按键，发现其红即设置成功，其事件已被记录在保护装置当中，这时便可以单击一下“超温跳闸试验”后面的红色按键进行故障复位，如图 2.2.14 所示。

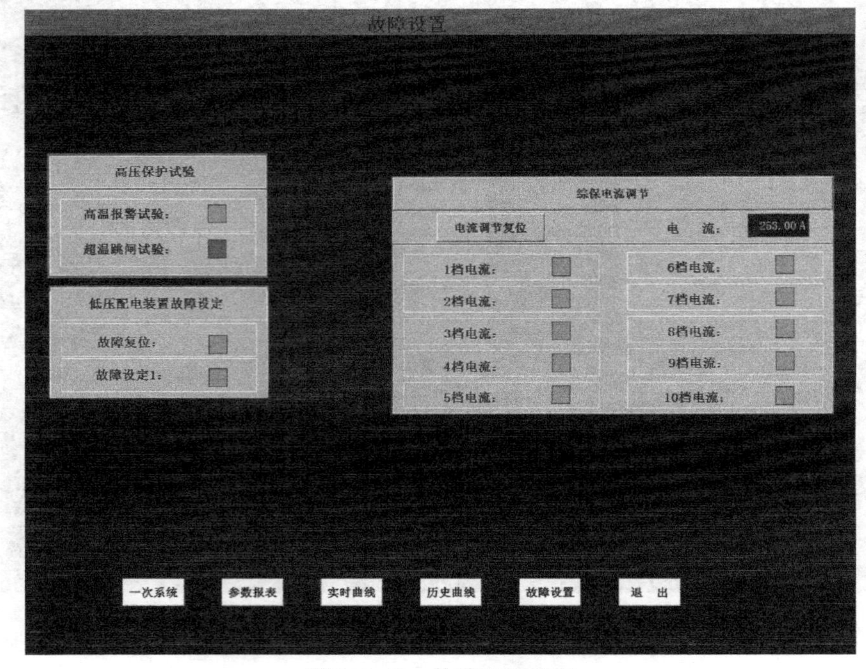

图 2.2.14 故障设置界面

(3) 故障设置完成后退出系统。

(4) 这时微机保护装置已经出现了超温保护并且负荷开关已跳闸,如图 2.2.15 所示。

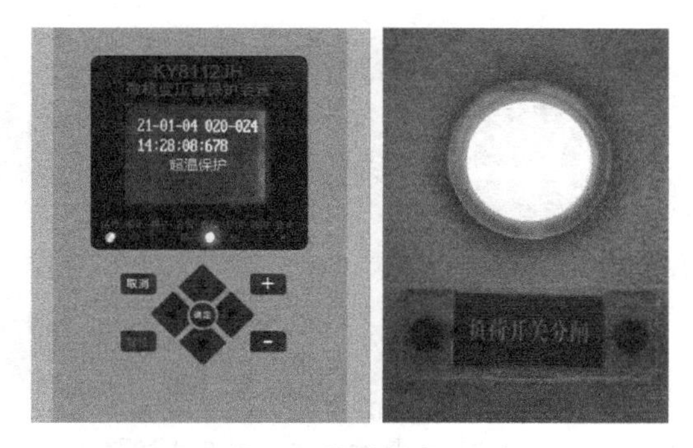

图 2.2.15　微机保护装置超温保护示意图

(5) 故障复位:单击保护装置上面的“复位”按钮完成综保故障复位。

3) 三段式电流整定保护故障设置及恢复

(1) 进入 YC-PMCS02 电力监控系统的故障设置界面。

(2) 设置三段式电流整定保护试验:单击保护装置电流调节上的挡位,发现其变红即设置成功(挡位越高电流值越大)。复位时单击左上角的“电流调节复位”按钮即可复位,如图 2.2.16 所示。

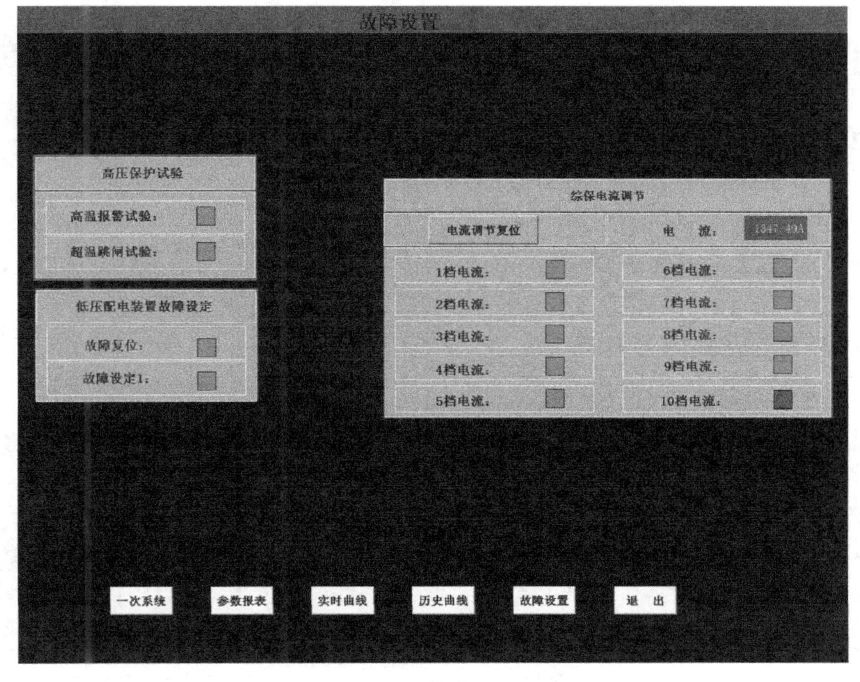

图 2.2.16　故障设置界面

(3) 故障设置完成后退出系统。

(4) 这时微机保护装置已经出现了电流三段动作电流并且负荷开关已跳闸，如图 2.2.17 所示。

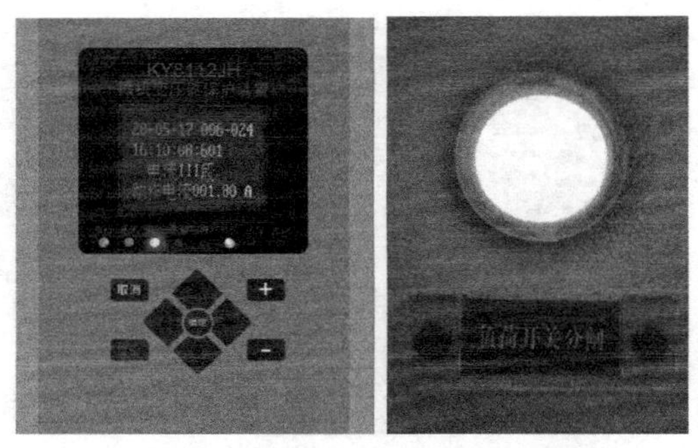

图 2.2.17 微机保护装置电流三段动作电流操作示意图

(5) 故障复位：单击保护装置上面的“复位”按钮完成故障复位。

2.2.3 实训思考与练习

(1) 总结高压配电装置的组成。

(2) 总结开关柜的安装规范。

(3) 总结微机继电保护功能验证方法。

任务三 接地刀闸的运行与维护

2.3.1 实训目的

(1) 熟悉接地刀闸的结构。

(2) 熟悉接地刀闸的原理。

(3) 熟悉接地刀闸的操作。

2.3.2 实训内容及指导

1. 接地刀闸的认识与操作

高压开关柜装有接地刀闸，当线路停电检修时，合上接地刀闸，保证检修人员的安全。接地刀闸与高压负荷开关存在一系列机械、电气闭锁，防止误操作。当允许操作接地刀闸时，接地刀闸的闭锁才打开，接地刀闸可操作，否则闭锁。

接地刀闸由动触头、静触头、绝缘支柱、底座、操作手柄、操作连杆和联锁机构等组成。接地刀闸与高压负荷开关为一体式。图 2.3.1 为接地刀闸在合闸位置。

2. 接地刀闸的实际操作

(1) 在进行停电检修时，应先断开高压负荷开关。将复位式旋钮向分闸位置旋转，如图 2.3.2 所示。

图 2.3.1　接地刀闸在合闸位置

图 2.3.2　高压配电装置分合闸示意图

（2）然后使用旋杆合上接地开关，如图 2.3.3 所示。

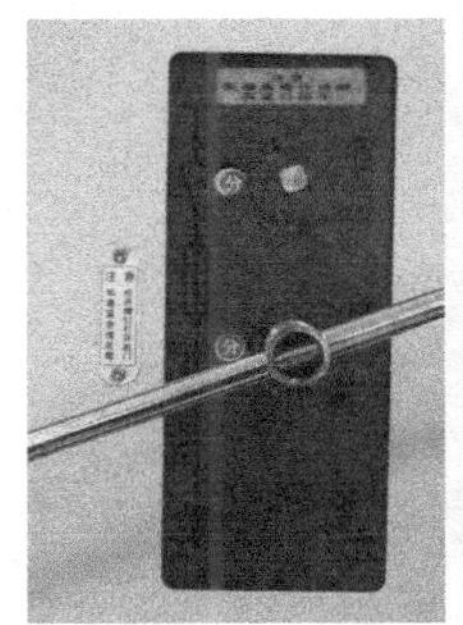

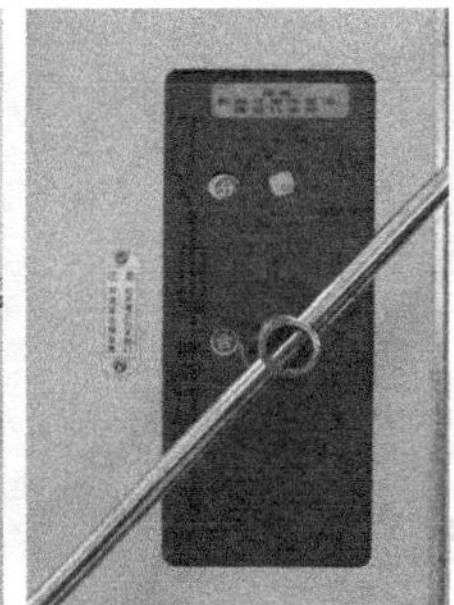

图 2.3.3　高压配电装置接地刀闸分合闸示意图

（3）此时打开柜门可明显看见接地刀闸在合闸位置，如图 2.3.4 所示。

图 2.3.4　接地刀闸在合闸位置

(4) 当接地刀闸分闸后柜门上机械联锁就会闭锁柜门,如图 2.3.5 所示。

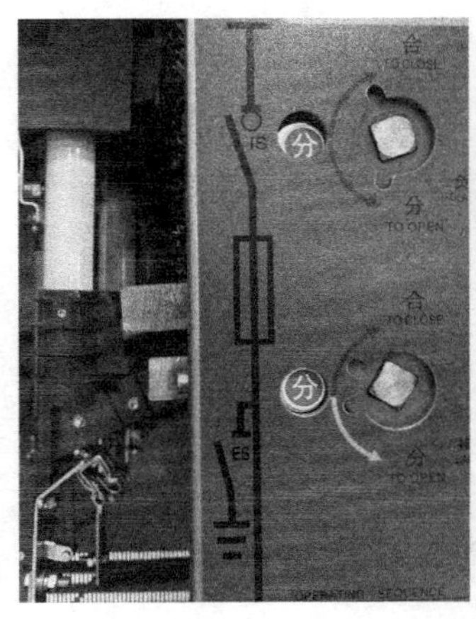

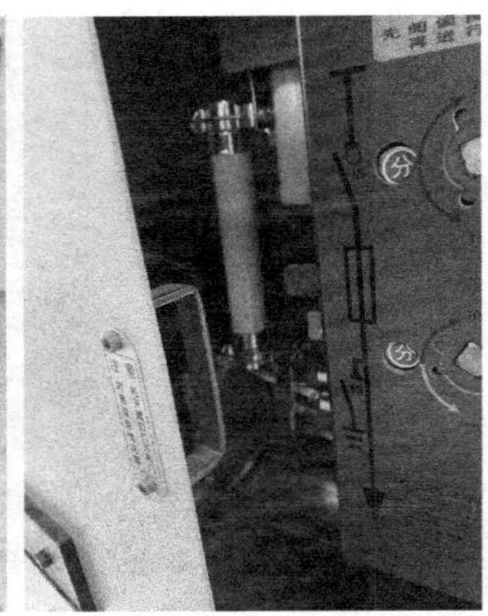

图 2.3.5 高压配电装置机械联锁

2.3.3 实训思考与练习

(1) 总结接地刀闸的结构、原理。

(2) 总结接地刀闸的操作步骤。

任务四 高压配电装置停送电操作

2.4.1 实训目的

(1) 掌握高压配电装置停送电操作步骤。

(2) 熟悉高压电源进线停送电操作票和工作票的办理方法。

2.4.2 实训内容及指导

1. 10 kV 龙首线 905 开关及线路由运行转检修操作步骤

(1) 断开 10 kV 龙首线 905 开关。

(2) 检查 10 kV 龙首线 905 开关的分位监控信号指示正确。

(3) 检查 10 kV 龙首线 905 开关的分闸指示灯指示正确。

(4) 检查 10 kV 龙首线 905 开关的分位机械位置指示正确。

(5) 将 10 kV 龙首线 905 开关的远方/就地控制转换开关转到"就地"位置。

(6) 断开 10 kV 龙首线 905 开关控的制电源。

(7) 合上 10 kV 龙首线 90567 接地开关。

(8) 检查 10 kV 龙首线 90567 接地开关,确保其在合闸位置。

2. 10 kV 龙首线 905 开关及线路由检修转运行操作步骤

(1) 拉开 10 kV 龙首线 90567 接地开关。

(2) 检查 10 kV 龙首线 90567 接地开关，确保其在分闸位置。

(3) 合上 10 kV 龙首线 905 开关的控制电源。

(4) 将 10 kV 龙首线 905 开关的远方/就地控制转换开关转到“远方”位置。

(5) 合上 10 kV 龙首线 905 开关。

(6) 检查 10 kV 龙首线 905 开关的合位监控信号指示正确。

(7) 检查 10 kV 龙首线 905 开关的合闸指示灯指示正确。

(8) 检查 10 kV 龙首线 905 开关的合位机械位置指示正确。

3. 操作票和工作票办理

停送电操作须由熟悉现场设备、熟悉运行方式和有关规章制度，并经考试合格的人员担任，有权担任停送电操作和有权担任监护的人员，须经电气负责人批准，操作人和监护人应根据接线图核对所填写的操作项目，并分别签名，然后经负责人审核签名，即“三审”制，不得任意扩大可以不使用操作票的工作范围。

停送电操作必须由两人执行，其中一人担任操作，有监护权的人员担任监护，在进行操作的全过程中不准做与操作无关的事，应填入操作票的项目有：应拉合的设备，验电，装拆接地线，安装或拆除控制回路或电压互感器回路的熔断器，切换保护回路和自动化装置，检验是否确无电压；应拉合设备后检查设备的实际位置；进行停、送电时，在拉、合刀闸或拉出、推入手车式开关前，检查开关确保其在分闸位置；在进行倒负荷或解、并列前后，检查相关电源运行及负荷分配情况；设备检修后、合闸送电前，检查送电范围内接地刀闸已拉开，接地线已拆除。

假设：甲扮演的角色为操作工，乙扮演的角色为监护人或工作负责人，丙扮演的角色为签发人。

停送电操作必须填写停送电操作票，操作票必须票面整洁，任务明确，书写工整，并使用统一的调度术语。

(1) 检修工作票填写举例(表 2.4.1)

表 2.4.1　检修工作票

<table>
<tr><td>停电设备名称</td><td>高压配电装置</td><td>工作票签发人</td><td>丙</td></tr>
<tr><td>申请停电事由</td><td colspan="3">变压器发生异常需要停电检修</td></tr>
<tr><td colspan="4">申请停电设备(线路)：高压配电装置，变压器一次侧</td></tr>
<tr><td colspan="4">上述设备(线路)已于 2021 年 11 月 08 日 10 时 10 分停电，已采取必要的安全措施，可以开始检修作业。　　工作负责人：乙</td></tr>
<tr><td colspan="4">全部停电设备(线路)上的检修作业已于 2021 年 11 月 08 日 16 时 00 分结束，设备具备运转条件；具备送电条件。工作负责人：乙</td></tr>
<tr><td colspan="4">上述设备(线路)已于 2021 年 11 月 08 日 16 时 45 分送电，已采取必要的安全措施，可以试车运转。　　工作负责人：乙</td></tr>
</table>

(2) 倒闸操作票填写举例(表 2.4.2)

表 2.4.2　倒闸操作票

No：2021108001

操作任务：10 kV 龙首线 905 开关及线路由运行转检修		
操作开始时间：2021 年 11 月 8 日 10 时 15 分	操作结束时间：2021 年 11 月 8 日 10 时 25 分	
顺序	操 作 项 目	操作后打“√”
1	断开 10 kV 龙首线 905 开关	√
2	检查 10 kV 龙首线 905 开关的分位监控信号指示正确	√
3	检查 10 kV 龙首线 905 开关的分闸指示灯指示正确	√
4	检查 10 kV 龙首线 905 开关的分位机械位置指示正确	√
5	将 10 kV 龙首线 905 开关的远方/就地控制转换开关转到“就地”位置	√
6	断开 10 kV 龙首线 905 开关的控制电源	√
7	合上 10 kV 龙首线 90567 接地开关	√
8	检查 10 kV 龙首线 90567 接地开关，确保其在合闸位置	√
备注：		

操作人：甲　　　　　　　监护人：乙

2.4.3　实训思考与练习

(1) 总结倒闸操作的步骤。

(2) 总结工作票和倒闸操作票的办理方法。

任务五　继电保护整定计算及微机保护装置调试

2.5.1　实训目的

(1) 了解三段式过电流保护原理。

(2) 学习三段式过电流保护整定计算。

(3) 熟悉微机保护装置的操作方法。

2.5.2　实训内容及指导

1. 三段式过电流保护基本原理

当保护线路上发生短路故障时，其主要特征为电流增加和电压降低。电流保护主要包括：无时限电流速断保护、限时电流速断保护和定时限过电流保护。电流速断、限时电流速断、过电流保护都是反映电流升高而动作的保护。它们之间的区别主要在于按照不同的原则来选择启动电流。电流速断是按照躲开某一点的最大短路电流来整定,限时电流速断是按照躲开下一级相邻元件电流速断保护的动作电流整定,而过电流保护则是按照躲开最大负荷电流来整定。但由于电流速断不能保护线路全长,限时电流速断又不能作为相邻元件的后备保护,因此,为保证迅速而有选择地切除故障,常将电流速断、限时电流速断和过电流保护组合在一起,构成三段式电流保护。经计算后的数据输入微机综合保护装置,使得保护程序能够正常运行并对整个系统起到保护作用。

电流速断保护作为本线路首端的主保护,它动作迅速、但不能保护线路全长。限时电流速断保护作为本线路首段的近后备、本线路末端的主保护、相邻下一线路首端的远后备,它能保护线路全长,但不能作为相邻下一线路的完全远后备。定时限过电流保护作为本线路的近后备、相邻下一线路的远后备,它保护范围大、动作灵敏、但切除故障时间长。使用Ⅰ段、Ⅱ段或Ⅲ段组成的阶段式电流保护,其最主要的优点就是简单、可靠,并且在一般情况下也能够满足快速切除故障的要求。因此,在电网中特别是在 35 kV 及以下的较低电压的网络中获得了广泛的应用,符合继电保护原理。

2. 三段式过电流保护整定计算

例 2.5.1　本装置 10 kV 高压开关柜拥有一条出线,高压开关柜已装设微机综合保护仪,如图 2.5.1 所示。

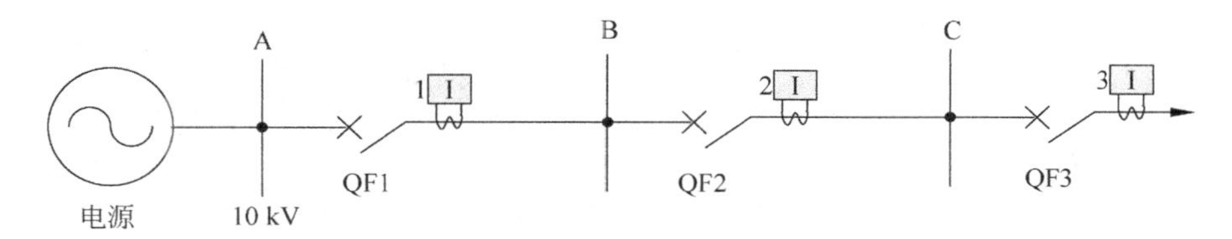

图 2.5.1　例图一

如图 2.5.1 所示的网络中,线路 AB 的长度为 6 km,线路的 BC 长度为 4 km,线路每公里的正序阻抗 $Z_1=0.4\ \Omega/\text{km}$,$E_\varphi=10/\sqrt{3}$ kV,最小运行方式下系统的等值阻抗 $X_{s.\max}=0.4\ \Omega$,最大运行方式下系统的等值阻抗 $X_{s.\min}=0.3\ \Omega$,已知可靠系数 $K_{rel}^{\mathrm{I}}=1.25$,$K_{rel}^{\mathrm{II}}=1.1$,$K_{rel}^{\mathrm{III}}=1.2$,$I_{AB.L.\max}=150$ A,自启动系数 $K_{ast}=1.5$,返回系数 $K_{re}=0.85$,时间级差 $\Delta t=0.5$ s。试对 QF1 的保护装置进行三段式电流保护整定计算。

解:

(1) 保护 1 电流Ⅰ段整定计算

① 动作电流

$$I_{set\cdot1}^{\mathrm{I}}=K_{rel}^{\mathrm{I}}I_{k\cdot B\max}=1.25\times\frac{10.5\times10^3}{(0.3+0.4\times6)\sqrt{3}}\ \text{A}=2\,806.6\ \text{A}$$

② 灵敏度校验，即求最小保护范围。

$$l_{\min}=\frac{1}{Z_1}\left(\frac{\sqrt{3}}{2}\frac{E_{\varphi}}{I_{\text{set.1}}^{\text{I}}}-X_{\text{s}\cdot\max}\right)=\frac{1}{0.4}\left(\frac{\sqrt{3}}{2}\times\frac{10.5\times10^{3}}{2\,806.6\times\sqrt{3}}-0.4\right)\ \text{km}=3.68\ \text{km}$$

$$\frac{l_{\min}}{l_{\text{AB}}}=\frac{3.68}{6}\times100\%=61.3\%>15\%$$

③ 动作时间：$t_1^{\text{I}}=0\ \text{s}$。

(2) 保护1电流Ⅱ段整定计算

① 动作电流

$$I_{\text{set.1}}^{\text{II}}=K_{\text{rel}}^{\text{II}}I_{\text{set.2}}^{\text{I}}=K_{\text{rel}}^{\text{II}}(K_{\text{rel}}^{\text{I}}I_{\text{k.c.max}})=1.1\times1.25\times\frac{10.5\times10^{3}}{(0.3+0.4\times10)\sqrt{3}}\ \text{A}$$

$$=1\,938.49\ \text{A}$$

② 灵敏度校验

$$K_{\text{sen}}=\frac{I_{\text{k.B.min}}}{I_{\text{set.1}}^{\text{II}}}=\frac{\frac{\sqrt{3}}{2}\times\frac{10.5\times10^{3}}{(0.3+0.4\times6)\sqrt{3}}}{1\,938.49}=1.0<1.3$$

不满足要求。

(3) 保护1电流Ⅲ段整定计算

① 动作电流

$$I_{\text{set.1}}^{\text{III}}=\frac{K_{\text{rel}}^{\text{III}}K_{\text{ss}}}{K_{\text{re}}}I_{\text{AB.L.max}}=\frac{1.2\times1.5}{0.85}\times150\ \text{A}=317.65\ \text{A}$$

② 灵敏度校验

近后备：$K_{\text{sen}}=\dfrac{I_{\text{k.B.min}}}{I_{\text{set.1}}^{\text{III}}}=\dfrac{\frac{\sqrt{3}}{2}\times\frac{10.5\times10^{3}}{(0.3+0.4\times6)\sqrt{3}}}{317.65}=6.12>1.3$

远后备：$K_{\text{sen}}=\dfrac{I_{\text{k.C.min}}}{I_{\text{set.1}}^{\text{III}}}=\dfrac{\frac{\sqrt{3}}{2}\times\frac{10.5\times10^{3}}{(0.3+0.4\times10)\sqrt{3}}}{317.65}=3.84>1.2$

满足要求。

3. 微机综合保护装置的操作

本实训平台的微机综合保护装置如图2.5.2所示。

1) 微机综合保护装置通讯参数的设置

(1) 单击装置中间的“确定”按钮，打开微机综合保护装置的主菜单，如图2.5.3所示。

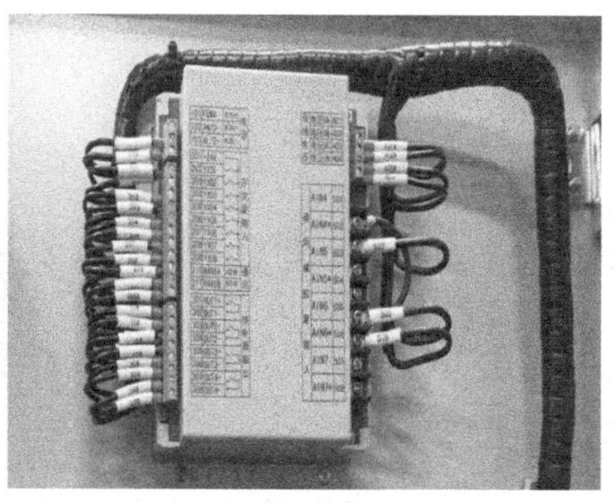

图 2.5.2　微机综合保护装置

(2) 使用按钮下键选中主菜单中“参数”选项，单击“确定”，进入参数设定界面，如图 2.5.4 所示。

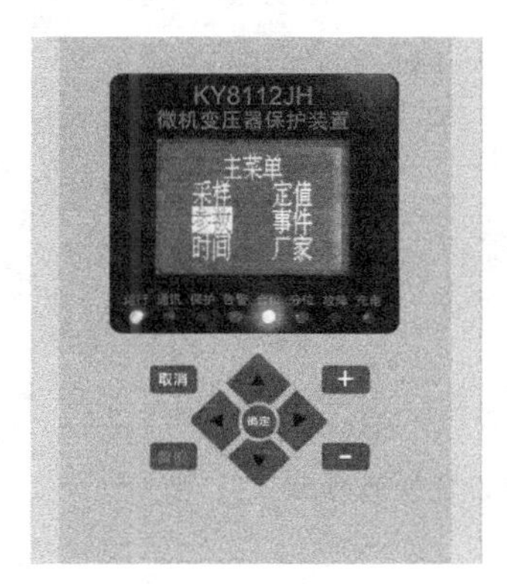

图 2.5.3　微机综合保护装置主菜单界面

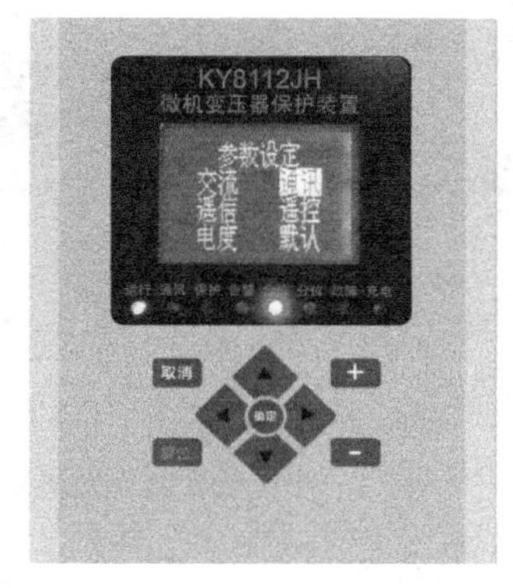

图 2.5.4　进入微机综合保护装置参数设定界面

(3) 使用按钮的右键选中参数设定界面中“通讯”选项，单击“确定”，进入通讯设置界面，如图 2.5.5 所示。

(4) 设置微机综合保护装置通讯地址为 7，通讯规约为 1，485 波特率为 9 600，完成后单击“确定”按钮，显示的界面如图 2.5.6 所示。

(5) 使用左、右按钮选中界面中的“确认”，单击“确定”按钮，进入输入密码界面，如图 2.5.7 所示。

(6) 使用左、右、加、减按钮输入密码“8888”，完成后单击“确定”按钮，完成密码设置，界面跳转至主界面，如图 2.5.8 所示。

图 2.5.5　微机综合保护装置通讯设置界面

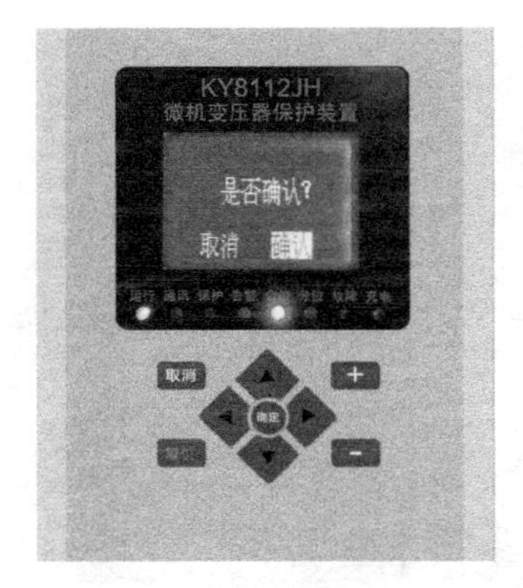

图 2.5.6 微机综合保护装置设置完成界面

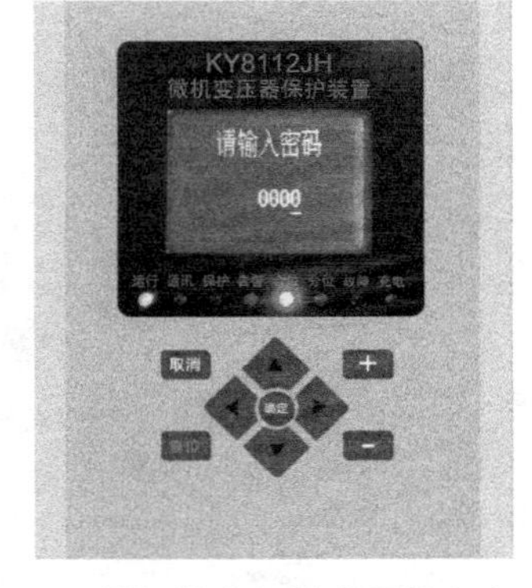

图 2.5.7 微机综合保护装置输入密码界面

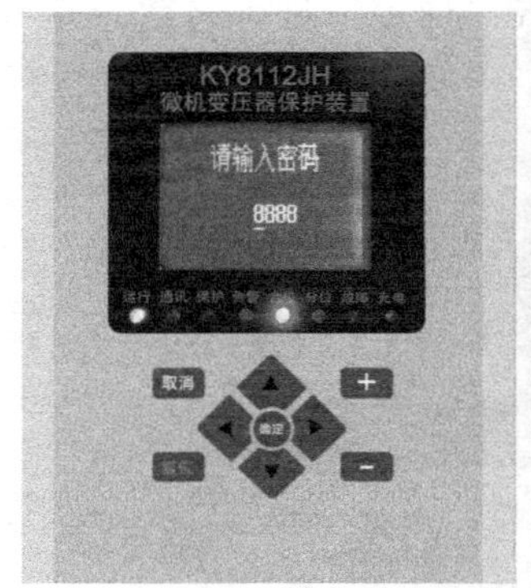

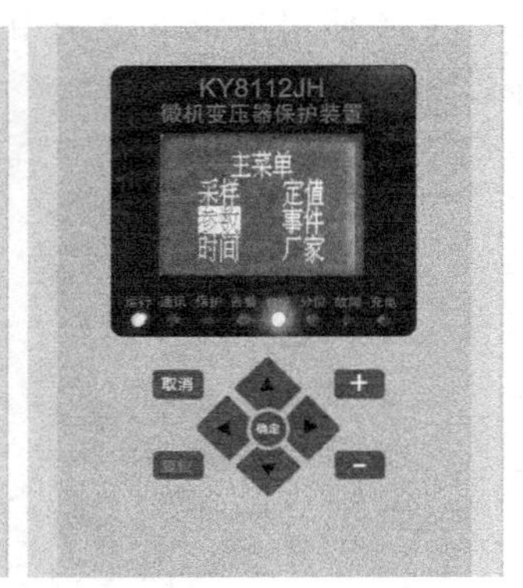

图 2.5.8 微机综合保护装置密码设置操作界面

2）微机综合保护装置变比的设置

（1）单击装置中间的“确定”按钮，打开微机综合保护装置的主菜单，同图 2.5.3。

（2）使用下键按钮选中主菜单中“参数”选项，单击“确定”，进入参数设定界面，如图 2.5.9 所示。

（3）使用上、下、左、右按钮选中参数设定界面中“交流”选项，单击“确定”，进入变比设置界面，如图 2.5.10 所示。

（4）设置微机综合保护装置电流电压变比，CT 变比为 100，PT 变比为 100，电压方式为 3，电流方式为 3，完成后单击“确定”按钮，显示的界面同图 2.5.6。

（5）使用上、下、左、右按钮选中界面中的“确认”，单击“确定”按钮，进入输入密码界面，同图 2.5.7。

（6）使用上、下、左、右、加、减按钮输入密码“8888”，完成后单击“确定”按钮，完成密码设置，界面跳转至主界面，同图 2.5.8。

3）微机综合保护装置遥信参数的设置

（1）单击装置中间的“确定”按钮，打开微机综合保护装置的主菜单，同图 2.5.3。

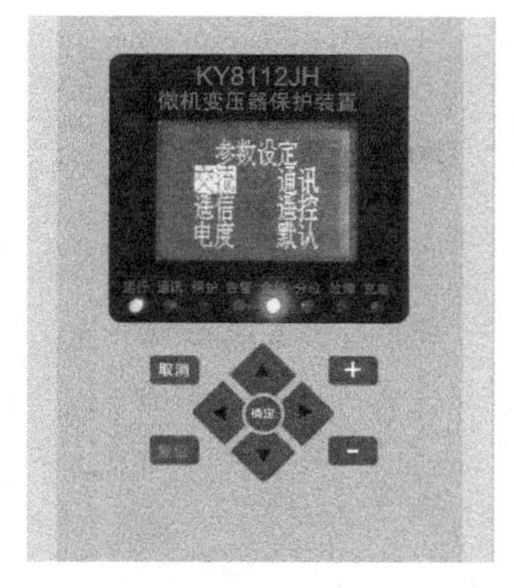

图 2.5.9　微机综合保护装置参数设定界面

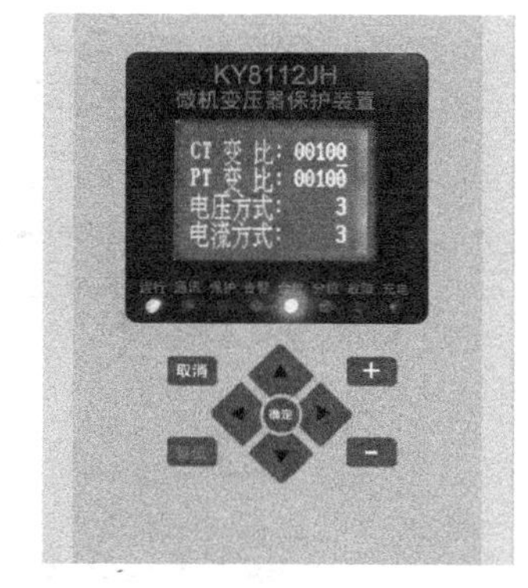

图 2.5.10　微机综合保护装置变比设置界面

(2) 使用上、下、左、右按钮选中主界面中“参数”选项，单击“确定”，进入参数设定界面，如图 2.5.11 所示。

(3) 使用上、下、左、右按钮选中参数设定界面中“遥信”选项，单击“确定”，进入遥信号、遥信脉宽设置界面，如图 2.5.12 所示。

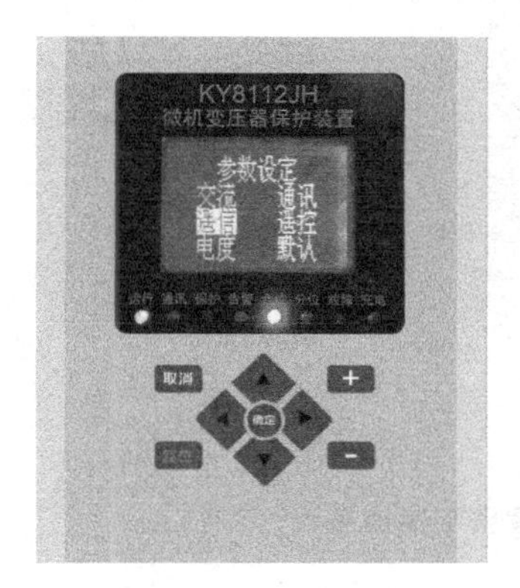

图 2.5.11　微机综合保护装置参数设定界面

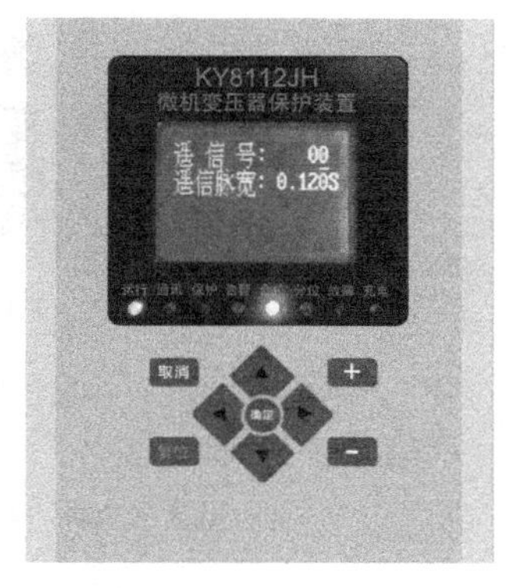

图 2.5.12　微机综合保护装置遥信操作界面

(4) 为微机综合保护装置设置适合的遥信遥脉数值，完成后单击“确定”按钮，显示的界面同图 2.5.6。

(5) 使用上、下、左、右按钮选中界面中的“确认”，单击“确定”按钮，进入输入密码界面，同图 2.5.7。

(6) 使用上、下、左、右、加、减按钮输入密码“8888”，完成后单击“确定”按钮，完成密码设置，界面跳转至主界面，同图 2.5.8。

4) 微机综合保护装置软件压板的设置

(1) 单击装置中间的“确定”按钮，打开微机综合保护装置的主菜单，如图 2.5.13 所示。

(2) 使用右键按钮选中主界面中“定值”选项，单击“确定”，进入定值界面，如图 2.5.14 所示。

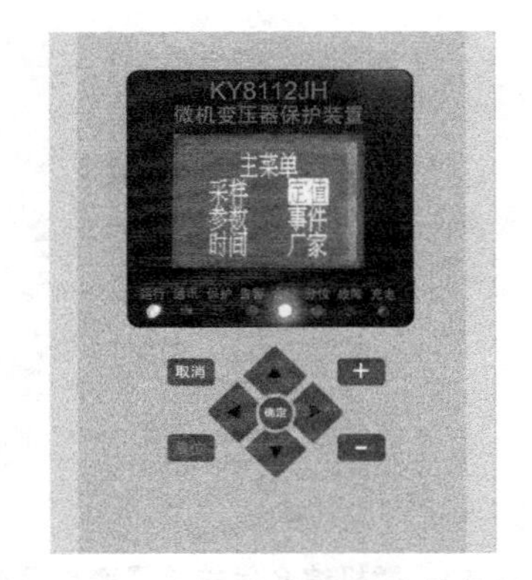

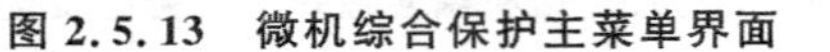
图 2.5.13 微机综合保护主菜单界面

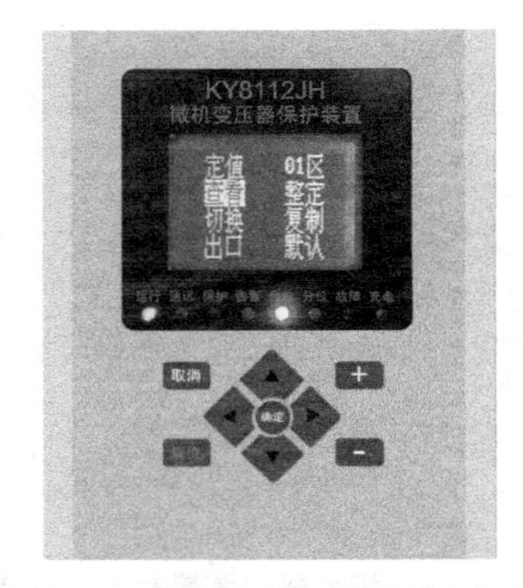

图 2.5.14 微机综合保护装置定值界面

(3) 使用右键按钮选中定值界面中“整定”选项，单击“确定”，进入整定定值界面，如图 2.5.15 所示。

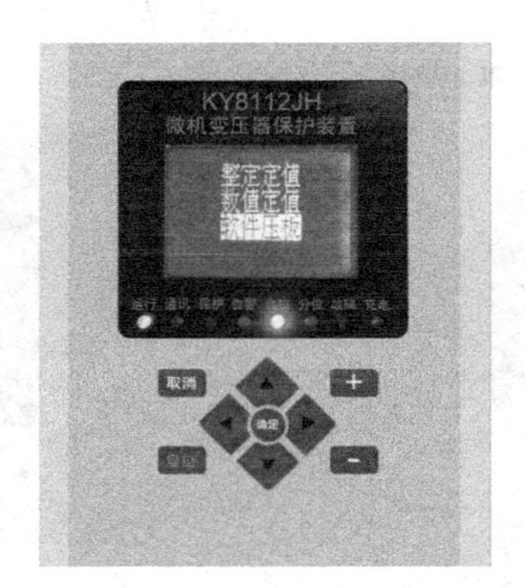

图 2.5.15 微机综合保护装置整定定值界面

(4) 使用上、下、左、右按钮选中整定定值界面中“软件压板”选项，单击“确定”，进入软件压板设置界面，如图 2.5.16 所示。

(5) 使用上、下、左、右按钮投入所需要的软件压板，常用的为“超温保护投入”“高温告警投入”。

投入完成后，单击“确定”按钮，进入输入密码界面，同图 2.5.7。

(6) 使用上、下、左、右、加、减按钮输入密码“8888”，完成后单击“确定”按钮，完成密码设置，界面跳转至主界面，同图 2.5.8。

5) 微机综合保护装置定值的设定

(1) 单击装置中间的“确定”按钮，打开微机综合保护装置的主菜单，同图 2.5.13。

(2) 使用右键按钮选中主界面中“定值”选项，单击“确定”，进入定值界面，同图 2.5.14。

(3) 使用右键按钮选中定值界面中“整定”选项，单击“确定”，进入整定定值界

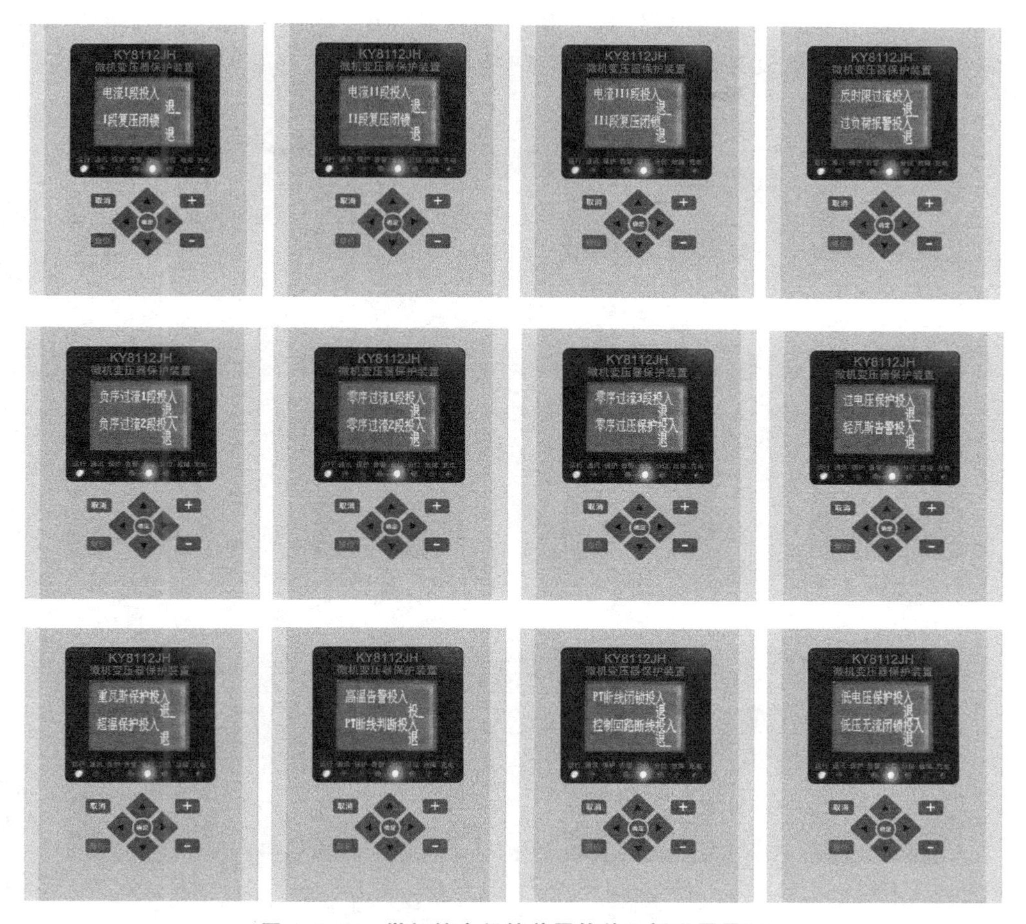

图 2.5.16　微机综合保护装置软件压板设置界面

面，如图 2.5.17 所示。

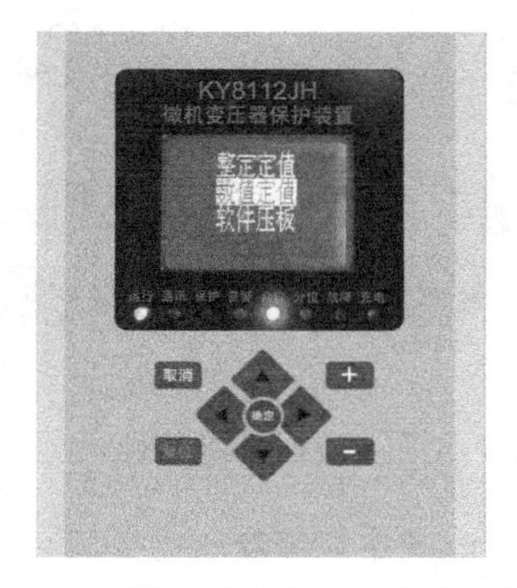

图 2.5.17　微机综合保护装置整定定值界面

(4) 使用上、下、左、右按钮选中整定定值界面中“数值定值”选项，单击“确定”，进入数值定值设置界面，如图 2.5.18 所示。

图 2.5.18　微机综合保护装置数值定值设置界面

(5) 使用上、下、左、右、加、减按钮修改所需要的数值定值。

修改完成后，单击“确定”按钮，进入输入密码界面，图 2.5.7。

(6) 使用上、下、左、右、加、减按钮输入密码“8888”，完成后单击“确定”按钮，完成密码设置，界面跳转至主界面，同图 2.5.8。

6）微机综合保护装置的事件查看

（1）单击装置中间的“确定”按钮，打开微机综合保护装置的主菜单，如图 2.5.19 所示。

（2）使用右、下按钮选中主界面中“事件”选项，单击“确定”，进入事件浏览界面，如图 2.5.20 所示。

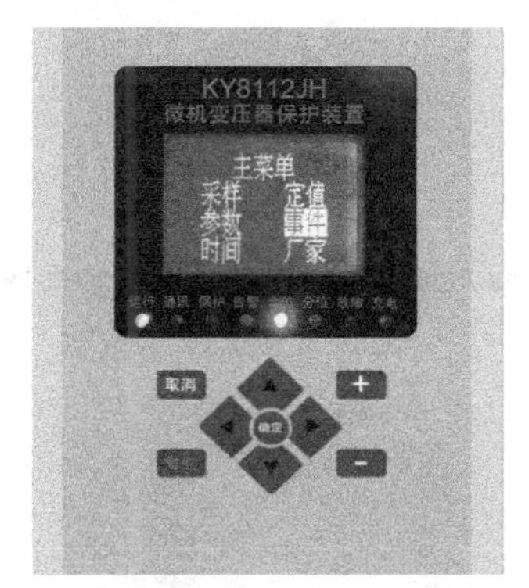

图 2.5.19　微机综合保护装置主菜单界面

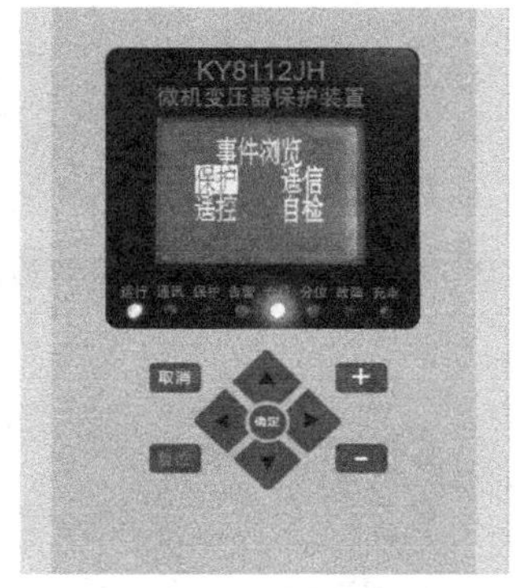

图 2.5.20　微机综合保护装置事件浏览界面

（3）选择“保护”进入，可查看历史保护信息，如图 2.5.21 所示。

（4）单击“确定”按钮打开主菜单。

7）微机综合保护装置采样信息的查看

（1）单击装置中间的“确定”按钮，打开微机综合保护装置的主菜单，如图 2.5.22 所示。

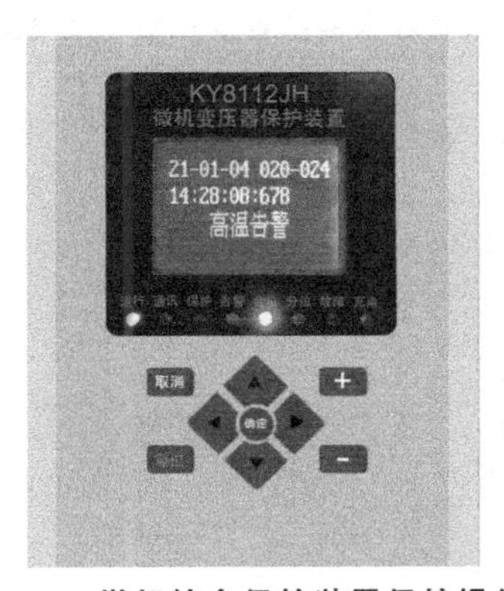

图 2.5.21　微机综合保护装置保护操作界面

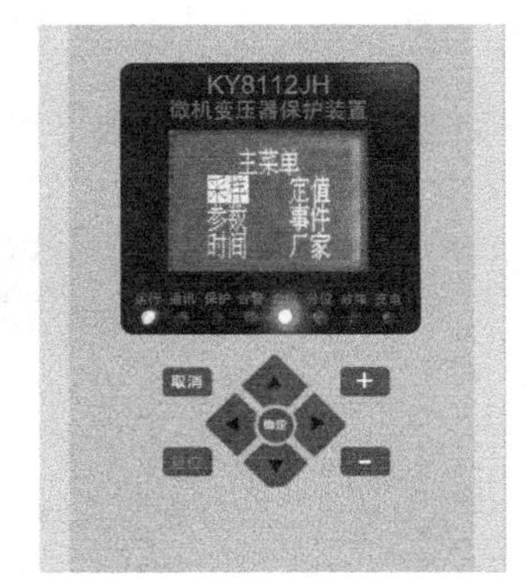

图 2.5.22　微机综合保护装置主菜单界面

（2）选择“采样”，单击“确定”按钮，进入采样信息界面，如图 2.5.23 所示。

（3）选择“保护”，进入三相电流保护值界面，如图 2.5.24 所示。

（4）回到采样信息界面选择“测量”，进入测量值界面，如图 2.5.25 所示。

（5）选择“一次值”，进入三相一次电流值界面，如图 2.5.26 所示。

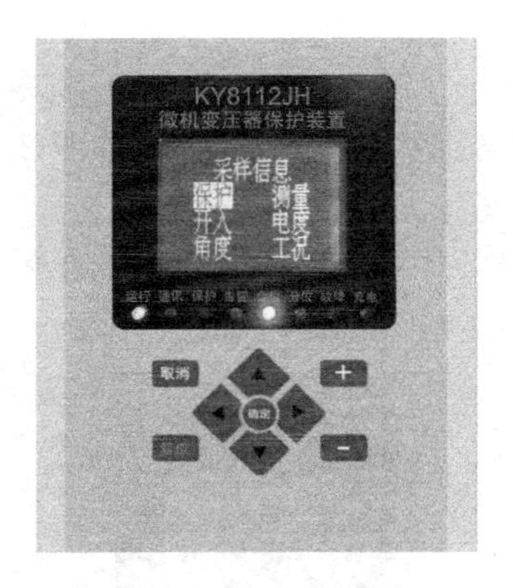

图 2.5.23 微机综合保护装置采样信息界面

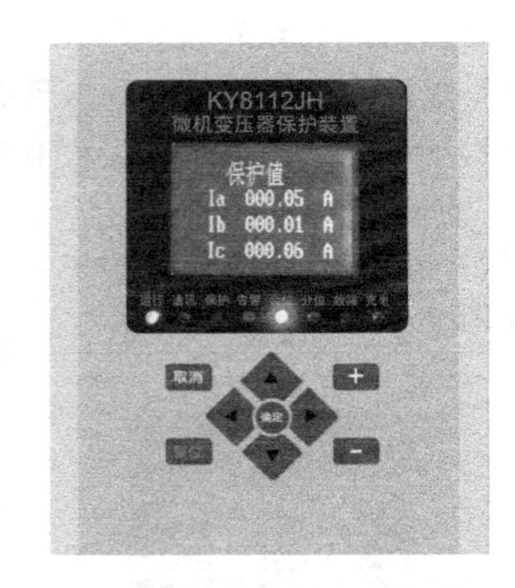

图 2.5.24 微机综合保护装置保护值操作界面

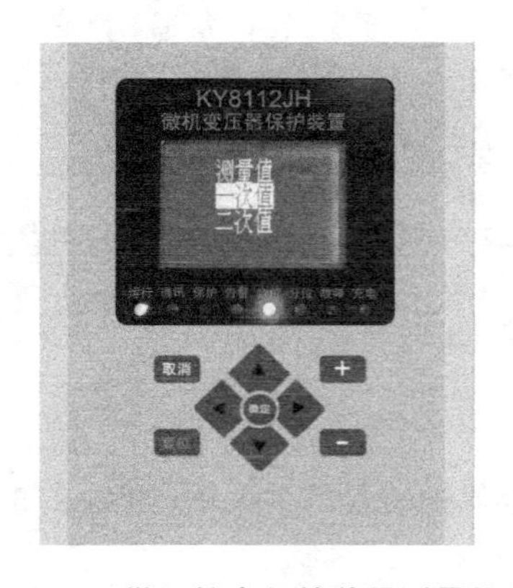

图 2.5.25 微机综合保护装置测量值界面

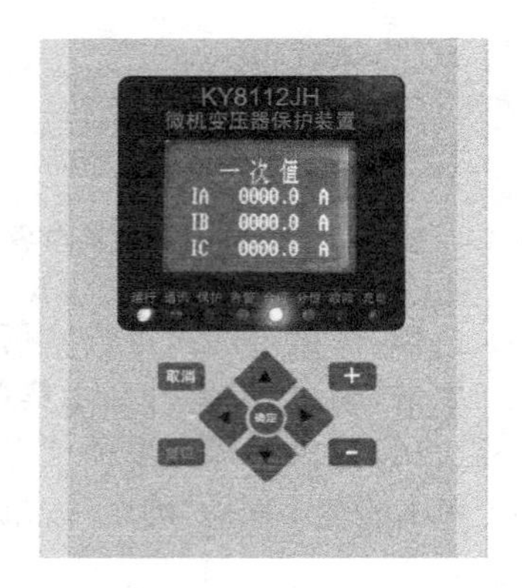

图 2.5.26 微机综合保护装置三相一次电流值界面

(6) 选择“二次值”,进入三相二次电流值界面,如图 2.5.27 所示。

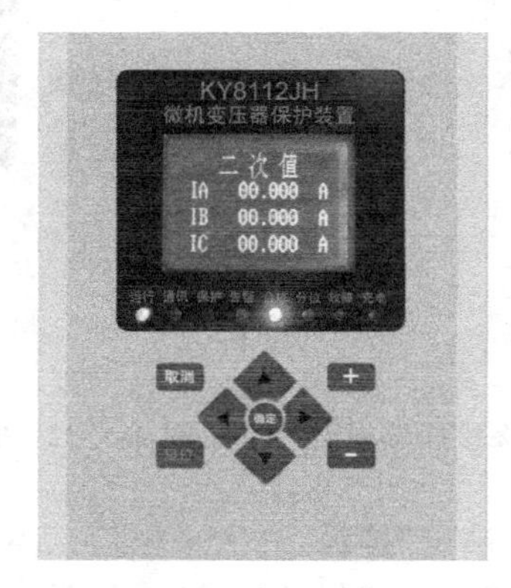

图 2.5.27 微机综合保护装置三相二次电流值界面

(7) 回到采样信息界面,选择“开入”,进入开入信息界面,如图 2.5.28 所示。

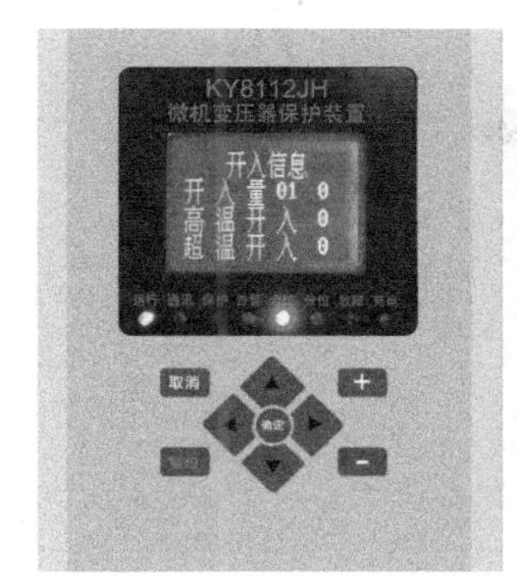

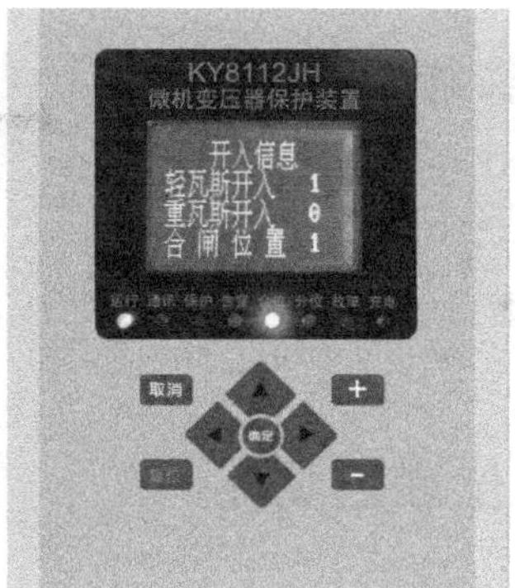

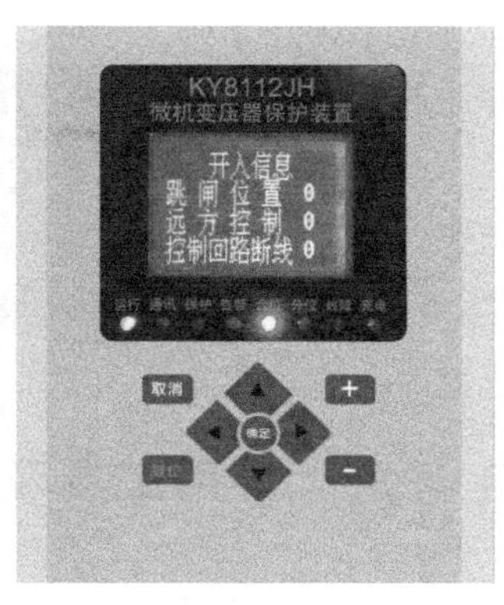

图 2.5.28　微机综合保护装置开入信息界面

(8) 回到采样信息界面,选择“角度”,进入角度信息界面,如图 2.5.29 所示。

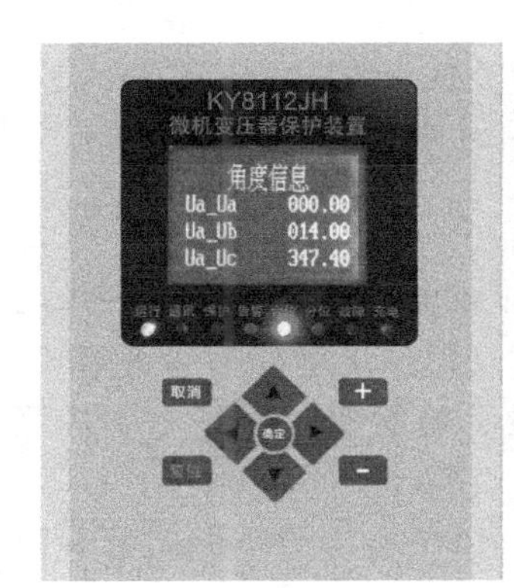

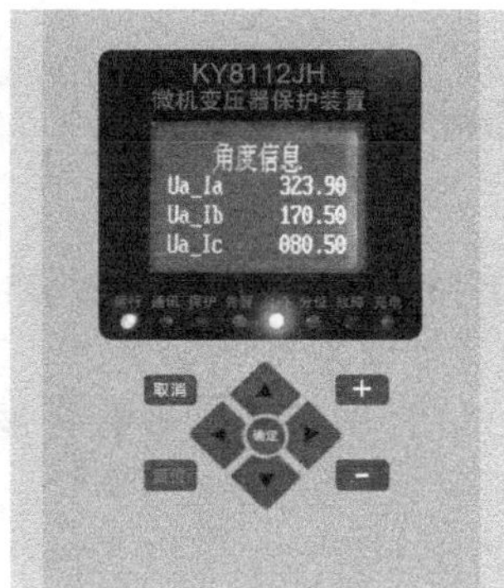

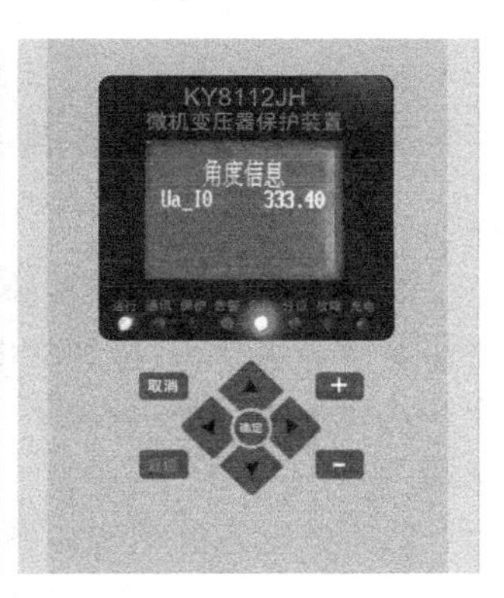

图 2.5.29　微机综合保护装置角度信息界面

(9) 回到采样信息界面,选择“工况”,进入工况信息界面,如图 2.5.30 所示。

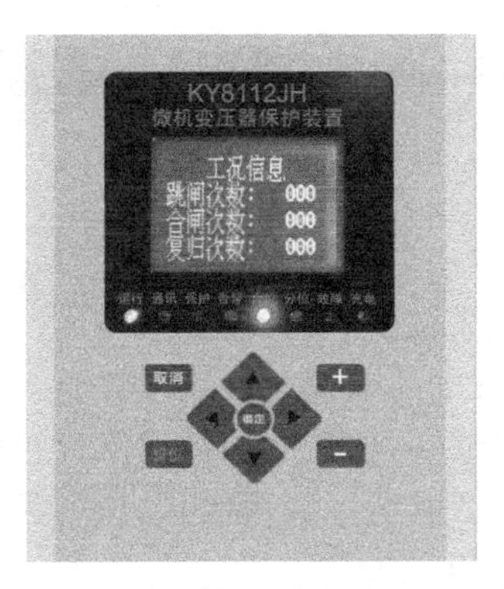

图 2.5.30　微机综合保护装置工况信息界面

2.5.3 实训思考与练习

(1) 总结继电保护整定计算的目的;

(2) 调整一次波特率和地址;

(3) 调整一次软件压板。

任务六 常用工具及仪表的使用

2.6.1 实训目的

(1) 熟悉并掌握常用工具的使用。

(2) 了解常用工具的注意事项。

2.6.2 实训内容及指导

1. 低压试电笔

低压试电笔又称低压验电器,是用来检查低压导体或电气设备外壳是否带电的辅助安全用具,其检测的电压范围为60～500 V。常用的试电笔外形有钢笔式,旋具式和采用微型晶体管作机芯、用发光二极管作显示的新型数字显示感应测电器。

低压试电笔的结构如图2.6.1所示。使用其验电时,手指应触及笔尾的金属体,使氖管小窗背光朝向自己,以便观察。当带电体与大地之间的电位差超过一定数值,电笔中的氖泡就能发出橘红色的辉光。

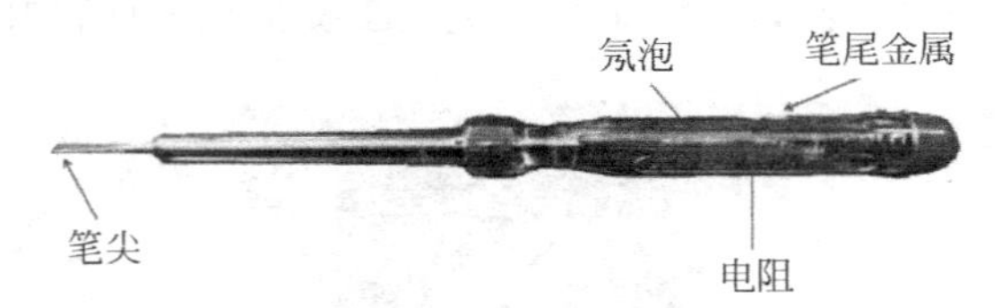

图2.6.1 低压试电笔

试电笔使用时应注意以下几点:

(1) 使用前,一定要在有电的电源上检查氖管能否正常发光。

(2) 在明亮的光线下测试时,往往不易看清氖管的辉光,所以应当避光检测。

(3) 试电笔的金属探头制成螺钉旋具形状时,它只能承受很小的扭矩,使用时应特别注意,不能用力过猛,以免损坏。

(4) 试电笔不可受潮,不可随意拆装或受到剧烈振动,以保证测试可靠。

2. 螺钉旋具

螺钉旋具又称螺丝刀或改锥，主要是用来紧固和拆卸各种螺钉，安装或拆卸各种电气元件。

螺钉旋具由刀柄和刀体组成，如图 2.6.2 所示。刀柄有木柄、塑料或有机玻璃等制成。刀口形状有“一”字形和“十”字形两种。

3. 多功能压接剥线钳

剥线钳由刀口、压接口和钳柄组成，如图 2.6.3 所示。剥线钳的钳柄上套有额定工作电压 500 V 的绝缘套管。

多功能压接剥线钳可用于剥除线芯截面为 6 mm^2 以下的塑料或橡胶绝缘导线的绝缘层。多功能压接剥线钳的刀口有多个直径(0.8～2.6 mm^2)的切口，以适应不同规格的线芯剥削。在使用时注意将导线放在大于线芯直径的切口上切削，以免切伤线芯。多功能压接剥线钳还可以用于压接 20 mm^2 以下的线鼻子，多功能压接剥线钳的压接口有两个直径(12 mm^2、20 mm^2)的压接口，以适应不同规格的线鼻子压接。在使用时将线鼻子放入合适的压槽内进行压接。

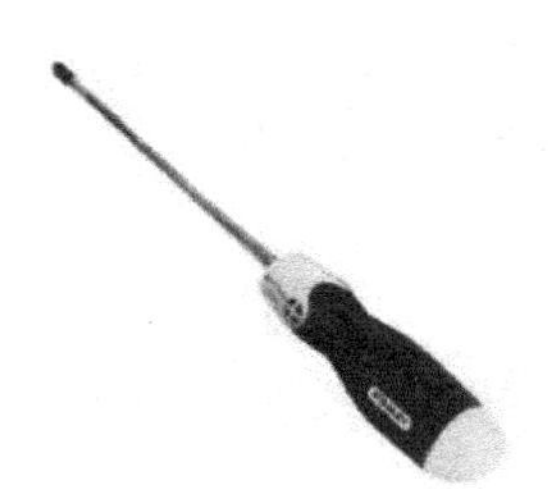

图 2.6.2　螺钉旋具

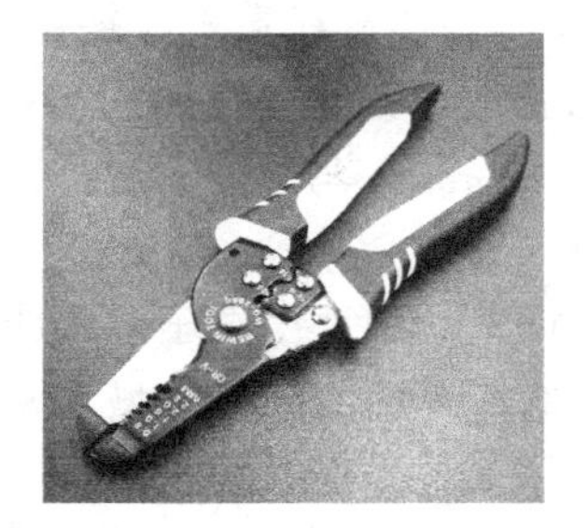

图 2.6.3　多功能压接剥线钳

4. 活动扳手

活动扳手又称扳手，由头部、柄部两部分组成。头部又由定扳舌、动扳舌以及蜗轮和蜗轮轴构成，旋动蜗轮以调节扳口大小，如图 2.6.4 所示。

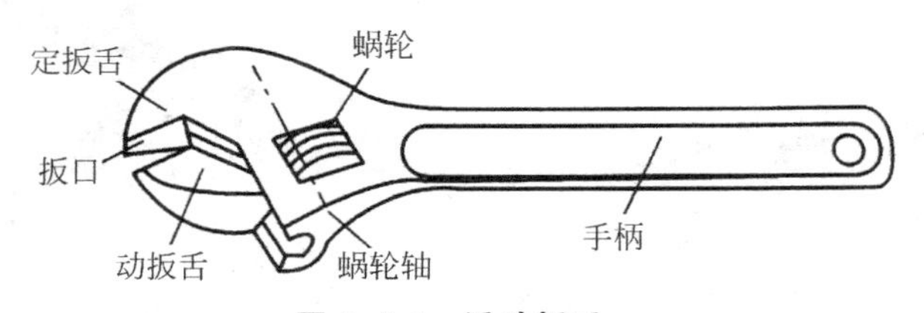

图 2.6.4　活动扳手

使用活动扳手时既不可反向用力，也不可用钢管作为延长物来加长柄部尺寸以施加较大的扳拧力矩。在扳拧较大螺母时，需用较大力矩，手应握在近柄尾处；在扳拧较小螺母时，所需力矩不大，手可握在接近头部的位置，以便随时调节蜗轮，收紧板唇防止打滑；不应将活扳手作为撬杠或锤子使用。

5. 开口扳手

开口扳手由钳口和手柄组成，如图 2.6.5 所示，选择开口扳手时，要根据螺栓头部的尺寸来确定合适的型号，并确保钳口直径与螺栓头直径相符，配合无间隙，然后才能进行操作。

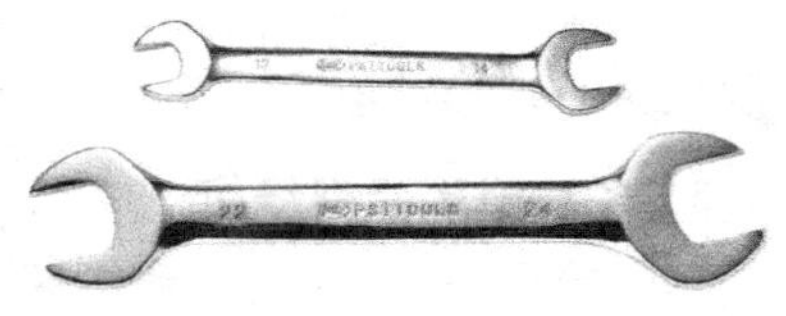

图 2.6.5 开口扳手

使用时，先将开口扳手套住螺栓或螺母六角的两个对向面，确保扳手与螺栓完全配合后才能施力。施力时，一只手扶住开口扳手与螺栓的连接处，确保扳手与螺栓完全配合后，另一只手大拇指抵住扳头，另外四指握紧扳手手柄部，向身边拉动。当螺栓、螺母被扳转到极限位置后，将扳手取出并重复前面的过程。

在紧固地排、零排等的螺栓时，为防止零件转动，需要用两个开口扳手配合紧固，一个扳手固定一端螺栓，另一个扳手紧固或拆卸另一端螺母。

6. 叉形圆形接线端子压接钳

叉形圆形接线端子压接钳由压接口与塑料钳柄组成，如图 2.6.6 所示，其压接对象为 1.25 mm^2 与 2.5 mm^2 接线端子，按人体力学设计，采用了省力棘轮结构，小巧玲珑。其使用方法如下：

(1) 首先检视被压端子与电线规格是否配合。

(2) 选择合适的端子凹槽，若端子规格为 1.25 mm^2，则选择 1.25 mm^2 端子凹槽。

(3) 一手扶着接线端子防止脱落，一手用力按压。

7. 管型接线端子压接钳

管型接线端子压接钳如图 2.6.7 所示，采用四边均匀压接技术，可进行齿轮调节压接值，棘轮式结构复位压接轻松省力。其使用示意图如图 2.6.8 所示。

图 2.6.6 叉形圆形接线端子压接钳

图 2.6.7 管型接线端子压接钳

8. 裸端子压接钳

裸端子压接钳如图 2.6.9 所示，采用棘轮式按压省时省力，适用于 1.0～10 mm^2 裸端子，可以压接冷压端子、开口铜鼻子等。在智能供电设备中主要用于 10 mm^2

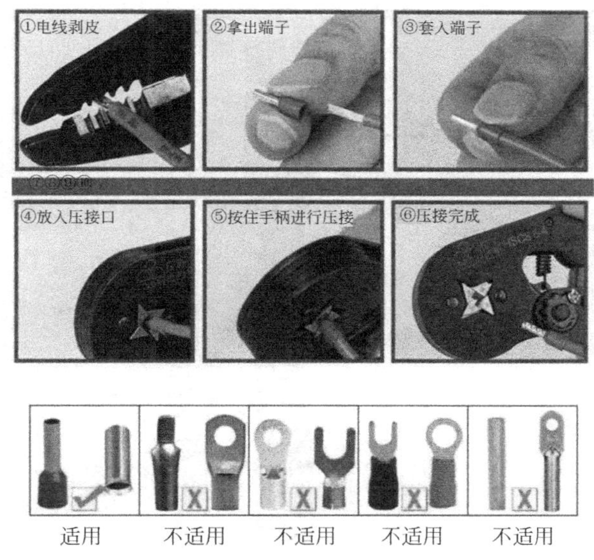

图 2.6.8　管型接线端子压接钳使用示意图

铝线端子压接。其使用方法如下：

(1) 首先检视被压端子与电线规格是否配合。

(2) 选择合适的端子凹槽，若端子规格为 10 mm^2，则选择 10 mm^2 端子凹槽。

图 2.6.9　裸端子压接钳

(3) 一手扶着接线端子防止脱落，一手用力按压。

9. 高压验电器

GSY 伸缩式声光报警测高压验电器如图 2.6.10 所示，它可以伸长测量，避免人体意外接触带电体发生触电事故。测量电压范围 0.1～10 kV，启动电压≤2.5 kV，声音强度＞75 dB。

高压验电器使用方法：首先，要保证所使用的高压验电器是经过验证合格的产品，且在合格的基础上要定期试验，保证其性能的良好；其次，使用时要带高压绝缘手套、绝缘鞋，并且最好有专人监护；最后要判断电压等级，切忌在电压等级不对应的情况下进行验电，避免现场测验的错误。

使用高压验电器的注意事项：

(1) 戴上符合要求的绝缘手套，不可一个人单独测试。

(2) 注意天气的变化，天气必须良好。雨、雪、雾及湿度较大的天气中不宜使用普通绝缘杆的类型。

(3) 使用高压验电器前，注意所测设备（线路）的电压等级，对应规定的长度，选择合适的型号。

(4) 确保高压验电器的表面干净，转动其至所需的角度，这样做的目的可以方

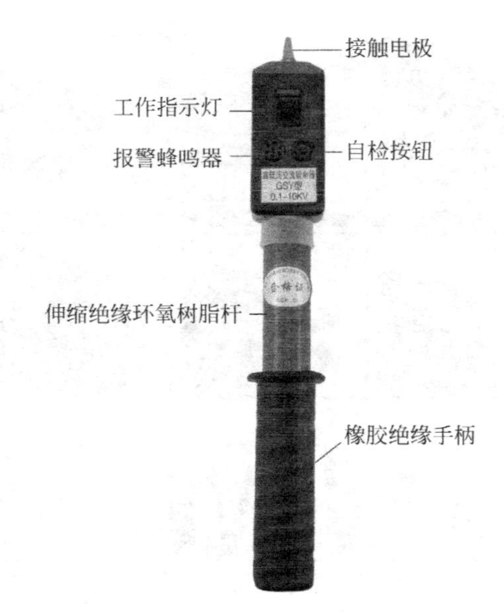

图 2.6.10　高压验电器

便进行准确清晰的观察数据。

(5) 应注意手握部位不得超过护环，避免发生危险。

(6) 高压验电器在验电时，应该在电容器组上验电，应待其放电完毕后再进行。

(7) 对同杆塔架设的多层电力线路进行验电时，先验低压、后验高压，先验下层、后验上层。

(8) 高压验电器使用完毕后，应及时将其表面的尘埃擦拭干净，最好将其放在干燥通风的地方进行妥善保管，不准私自对其进行随意调整拆装。并且，为了保证其使用安全，一般每隔半年就要进行预防性电气试验，这是十分必要的。

10. 常用电工仪表介绍

电气设备的安装、调试及检修过程中，要借助各种电工仪器仪表对电流、电压、电阻、电能、电功率等进行测量，称为电工测量。常用电工仪表的分类如下：

(1) 按仪表的工作原理分，主要有电磁式、电动式和磁电式指示仪表，其他还有感应式、振动式、热电式、热线式、静电式、整流式、光电式和电解式等类型的指示仪表。

(2) 按测量对象的种类分，主要有电流表、电压表、功率表、频率表、欧姆表、电度表等。

(3) 按被测电流种类分，有直流仪表、交流仪表、交直流两用仪表。

(4) 按使用方式分，有安装式仪表和可携式仪表。

(5) 按仪表的准确度分，指示仪表的准确度可分为 0.1、0.2、0.5、1.0、1.5、

2.5、5.0七个等级。仪表的级别即仪表准确度的等级。

(6) 按使用环境条件分，指示仪表可分为A、B、C三组。

A组：工作环境为0～+40℃，相对湿度在85%以下。

B组：工作环境为−20～+50℃，相对湿度在85%以下。

C组：工作环境为−40～+60℃，相对湿度在98%以下。

(7) 按对外界磁场的防御能力分，指示仪表有Ⅰ、Ⅱ、Ⅲ、Ⅳ四个等级。

11. 电流表

电流表是用来测量电路中的电流值的。按所测量电流的性质可分为直流电流表、交流电流表和交直流电流表。就其测量范围而言，电流表又分为微安表、毫安表和安培表。

测量直流电流通常采用磁电式电流表，测量交流电流主要采用电磁式电流表。电流表在使用时应注意选择正确的量程，应串联在被测量的实际电路中。测量直流电流时，还应注意电流表的极性，直流电流表的电流从表的"+"极性端流入，"−"极性端流出。接线时，应在断电下进行。不允许将直流电流表使用在交流电路上。如需要可以在电流表线路并联分流电阻以扩大电流的量程。

12. 电压表

电压表是用来测量电路中的电压值的，按所测电压的性质可分为直流电压表、交流电压表和交直流两用电压表。就其测量范围而言，电压表又分为毫伏表和伏特表。

测量直流电压通常采用磁电式电压表，测量交流电压主要采用电磁式电压表。电压表在使用时注意选择正确的量程，应并联在被测量的线路两端，直流电压表还要注意仪表的极性，表头的"+"端接高电位，"−"端接低电位。接线时，应在断电下进行。不允许将电压表串联在被测量的电路中使用。如需要可以在电压表线路中串联电阻以扩大电压的量程。

2.6.3 实训思考与练习

(1) 使用剥线钳、管型端子钳压接10根管型端子的导线。

(2) 使用剥线钳、叉形圆形端子钳压接10根叉形端子的导线和10根圆形端子的导线。

项目二　彩图

(3) 使用验电器完成低压停电后的验电。

(4) 使用活动扳手与开口扳手完成低压万能断路器出线侧螺母的松卸与紧固。

项目三

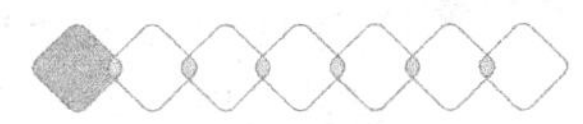

低压配电装置电气接线的设计与安装调试

任务一　0.4 kV 低压配电装置的认知

3.1.1　实训目的

(1) 了解低压配电装置的作用。

(2) 熟悉低压配电装置的结构组成。

(3) 掌握低压配电装置的型号含义。

3.1.2　实训内容及指导

1. 概述

低压成套配电柜将低压电路所需的开关设备、测量仪表、保护装置和辅助设备等,按一定的接线方案安装在金属柜内构成的一种组合式电气设备,用以进行控制、保护、计量、分配和监视等。在城乡电网配电所中,低压成套配电柜作为额定电压 0.4 kV 及以下的配电、动力、照明之用。

2. 低压配电装置的组成

低压配电装置主要由万能式断路器、电动操作塑壳断路器、故障设置装置、二次控制元件以及指示元件组成。

运行管理装置由负荷控制模块、负荷模拟模块以及无功补偿模块组成。

(1) 负荷控制模块

负荷控制模块由低压母线、双电源自动切换装置、进线断路器、出线断路器、中间继电器、主令电器、电流表、电力参数采集模块、无功补偿模拟装置、智能控制模块以及通信系统总线组成。

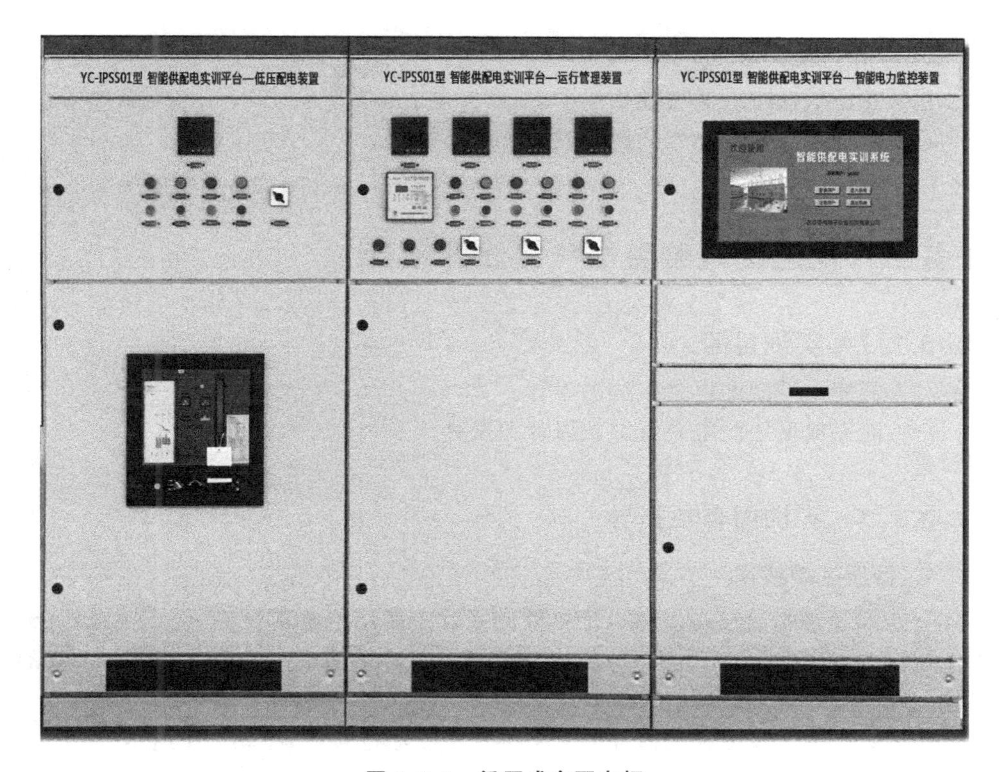

图 3.1.1　低压成套配电柜

目前供配电系统中运行的有分散负荷控制装置和集中负荷控制系统。本系统为集中负荷控制，主要由通信网络总线、通信接口装置以及负荷监控与管理软件组成。计算机通过通信接口装置和各个仪表以及智能控制器进行通信，计算机通信技术采集各个负荷的电力参数，通过控制策略可以判断是否进行远程负荷投切操作。

(2) 负荷模拟模块

负荷模拟模块，主要由电流信号发生器装置模拟，各个支路的负荷大小可以手动或者自动调节。

(3) 无功补偿模块

无功补偿模块是 0.4 kV 低压配电网高效节能、降低线损、提高功率因数和电能质量的无功补偿设备，是由智能控制器、断路器、接触器、热继电器、低压电力电容器、指示灯等元件在柜内和柜面由导线连接而成的自动无功补偿装置。无功补偿的意义有：补偿无功功率，增加电网中有功功率的比例常数；减少发、供电设备的设计容量，减少投资；降低线损，提高供电企业的经济效益。

3.1.3 实训思考与练习

(1) 总结低压配电装置的作用。

(2) 总结低压配电装置的组成部分。

任务二 低压配电装置电气接线的设计

3.2.1 实训目的

(1) 能完成低压配电主接线图设计。

(2) 能完成低压配电装置二次原理图设计。

3.2.2 实训内容及指导

1. 低压主接线图

一次设备是指直接在发、输、配电能的系统中使用的电器设备,包括发电机、电力变压器、断路器、隔离开关、母线、电力电缆和输电线路等,它们构成电力系统的主体,涉及主接线图。

(1) 认识主接线图各元器件的文字符号及图形符号,如图 3.2.1 所示。

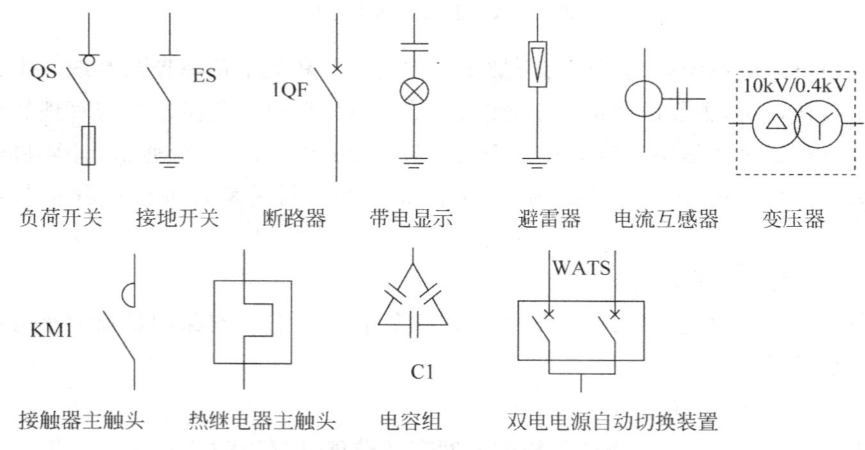

图 3.2.1 主接线图各元器件的文字符号及图形符号

(2) 认识智能供配电实训平台主接线图,如图 3.2.2 所示。

2. 低压二次接线图

二次设备是指对一次设备的工况进行监测、控制、调节和保护,为运行人员提供运行工况或生产指挥信号所需要的电气设备,如测量仪表、继电器、控制及信号

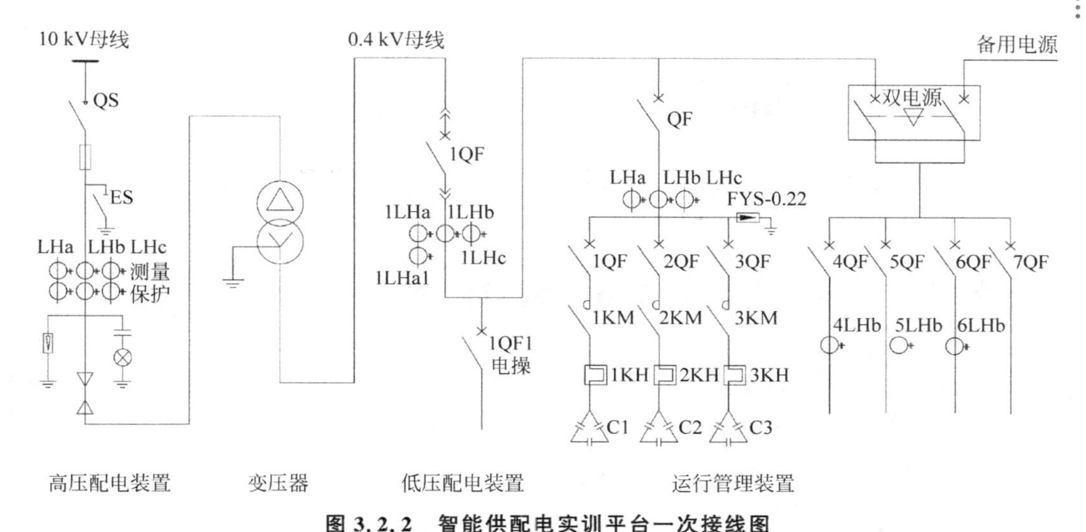

图 3.2.2　智能供配电实训平台一次接线图

注：运行管理装置左侧是无功补偿支路，右侧是区域能量管理支路

器具、自动装置、通信设备等。

通常由电流互感器和电压互感器的二次绕组的出线以及直流回路，按照一定的要求连接在一起构成的电路就是二次回路，描述该回路的图纸就是二次回路接线图，如图 3.2.3 所示。二次回路包括控制回路、继电保护回路、测量回路、计量回路、信号回路、自动装置回路以及供二次设备工作的电源系统等，又分交流回路和直流回路。

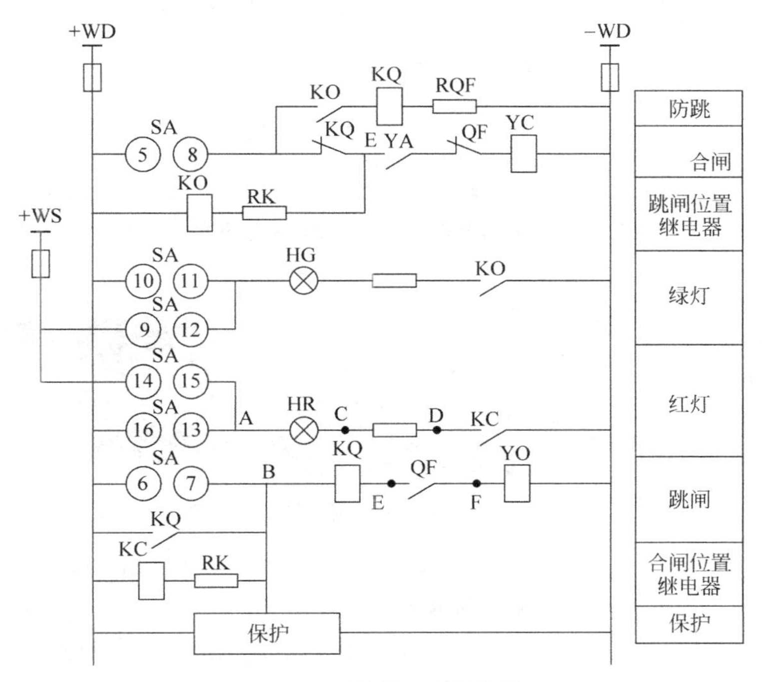

图 3.2.3　低压二次接线图

3.2.3 实训思考与练习

(1) 尝试设计低压断路器主接线图。

(2) 尝试设计低压断路器二次接线图。

任务三 低压配电装置设备安装与调试

3.3.1 实训目的

(1) 熟悉低压配电装置各元器件。

(2) 掌握低压配电装置的装配接线。

3.3.2 实训内容及指导

1. DZ 系列断路器

DZ 系列断路器也称低压自动开关或空气开关，俗称塑壳开关。断路器在电路中的图形符号如图 3.3.1 所示，它既能带负荷通断电路，又能在线路上出现短路故障时，其电磁脱扣器动作，使开关跳闸；出现过负荷时，其串联在一次线路的热元件使双金属片弯曲，热脱扣器动作，使开关跳闸。目前常用的 DZ 系列断路器的外形如图 3.3.2 所示。

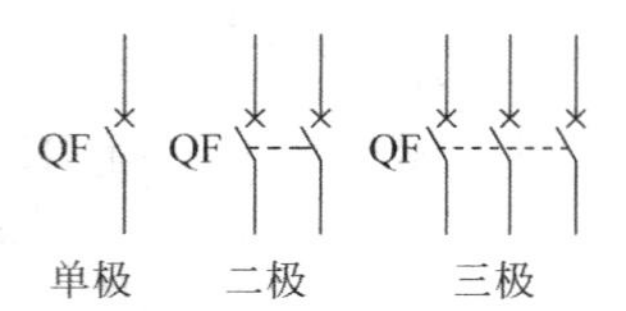

图 3.3.1 断路器在电路中的图形符号及文字符号

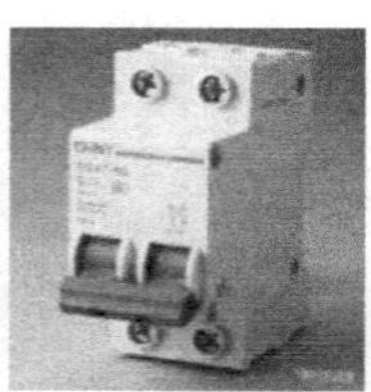
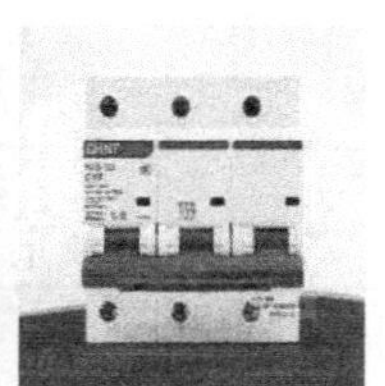

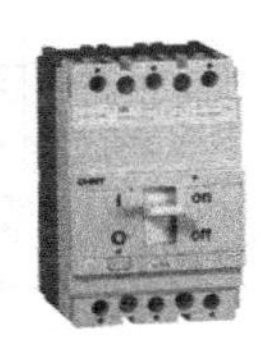

图 3.3.2 常用 DZ 系列断路器的外形

DZ 系列断路器内部结构如图 3.3.3 所示，适用于交流 50 Hz、额定电压 380 V 的系统中。配电用断路器在配电网络中用来分配电能和作线路及电源设备的过载及短路保护之用，保护电动机用断路器用来保护电动机的过载和短路，也可分别作电动机不频繁启动及线路的不频繁转换之用。

图 3.3.3　断路器的内部结构

DZ 系列断路器使用中的安全注意事项如下。

(1) DZ 系列断路器的额定电压应与线路电压相符,断路器的额定电流和脱扣器整定电流应满足最大负荷电流的需要。

(2) DZ 系列断路器的极限通断能力应大于被保护线路的最大短路电流。

(3) DZ 系列断路器的类型选择应适合线路工作特点。对于负荷启动电流倍数较大,而实际工作电流较小,且过电流整定数较小的线路或设备,一般应选用延时型断路器,因为它的过电流脱扣器由热元件组成,具有一定的延时性。对于短路电流相当大的线路,应选用限流型自动开关。如果开关选择不当,就有可能使设备或线路无法正常运行。

(4) DZ 系列断路器使用中一般不得自己调整过电流脱扣器的整定电流。

(5) 线路停电后恢复供电时,禁止自行启动的设备,不宜单独使用 DZ 系列断路器控制,而应选用带有失压保护的控制电器或采用交流接触器与之配合使用。

(6) DZ 系列断路器缺少部件或部件损坏,则不得继续使用。特别是灭弧罩损坏,则无论是多相或单相均不得使用,以免在断开时无法有效地熄灭电弧而使事故扩大。

2. 框架式断路器的应用

框架式断路器适用于交流 50 Hz、额定电流 4 000 A 及以下、额定电压 380 V 的配电网络中,用来分配电能和线路及电源设备的过负载、欠压与短路保护。在正常工作条件下可作线路的不频繁转换之用。此断路器的额定电流规格有 200 A、400 A、630 A、1 000 A、1 600 A、2 500 A、4 000 A 七种,1 600 A 及以下的断路器具有抽屉式结构,常用框架式断路器如图 3.3.4 所示。图 3.3.5 为 DW45 型断路器面板介绍。

框架式断路器为立体布置,由触头系统、操作系统、过电流脱扣器、分励脱扣器、欠压脱扣器等部分组成,DW45 接线图如图 3.3.6 所示。其过电流脱扣器有热-电磁式、电磁式、电子式三种。热电磁式过流电流脱扣器具有过载长延时动作和短路瞬时动作保护功能，电磁式瞬时脱扣器由拍合式电磁铁组成，主回路穿过铁心，当发生短路电流时，电磁铁动作使断路器断开。电子式脱扣器有代号为 DT1 型和 DT3 型两种，DTI 由分立元件组成，DT3 型由集成电路组成。两者具有过负载长延时、短路短延时、短路瞬时保护和欠电压保护功能。DT3 型还具有故障显示和记忆过负载报警功能。

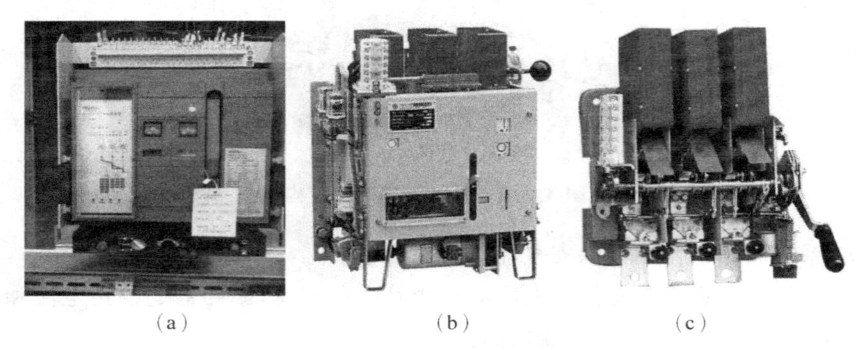

(a)　　(b)　　(c)

图 3.3.4　常用框架式断路器

(a) DW45 型断路器；(b) DW15 型断路器；(c) DW10 型断路器

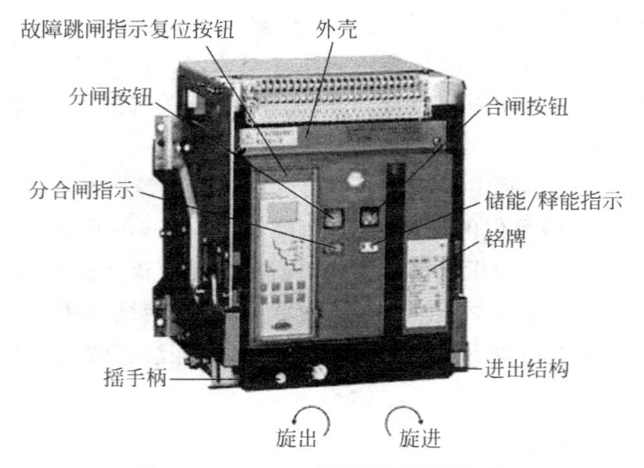

图 3.3.5　DW45 型断路器面板介绍

3. 框架式低压断路器的安装要求

(1) 框架式低压断路器的安装，应符合产品技术文件的规定，当无明确规定时，应垂直安装，其倾斜度不应大于 5°。

(2) 断路器与熔断器配合使用时，熔断器应安装在负荷侧。

4. 低压断路器操作机构的安装要求

(1) 操作手柄或传动杠杆的开合位置应正确，操作力不应大于产品的规定值。

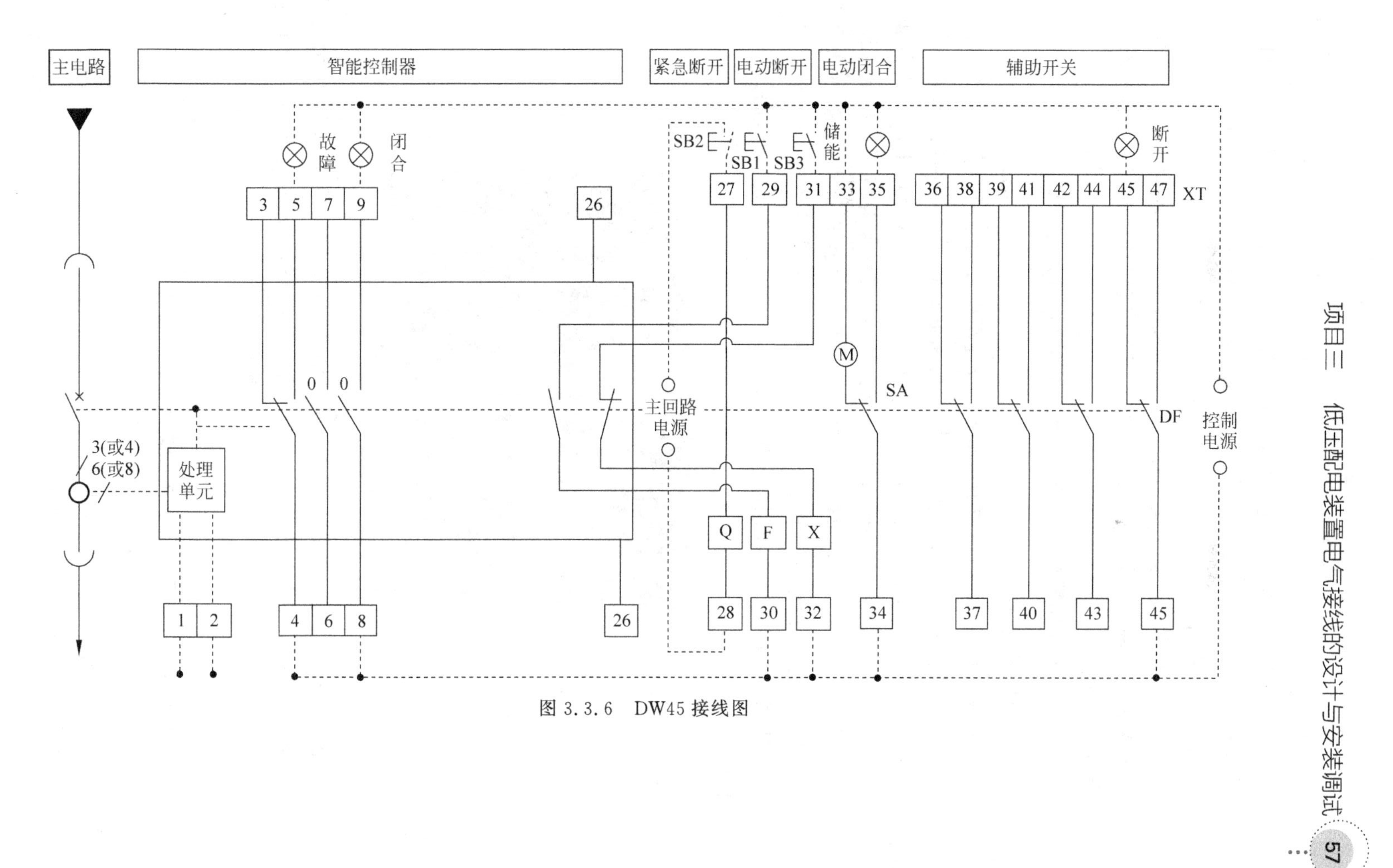

图 3.3.6　DW45 接线图

(2) 电动操作机构接线应正确，在合闸过程中开关不应跳跃，开关合闸后，限制电动机或电磁铁通电时间的联锁装置应及时动作，电动机或电磁铁通电时间不应超过产品规定值。

(3) 开关辅助触点动作应正确可靠，接触应良好。

(4) 抽屉式断路器的工作、试验、隔离三个位置的定位应明显，并应符合产品技术文件的规定。

(5) 抽屉式断路器分段式抽拉应无卡阻，机械联锁应可靠。

5. 电动操作机构

电动操作机构如图 3.3.7 所示，是用于远距离自动分闸和合闸断路器的一种附件。电动操作机构分为电动机操作机构和电磁铁操作机构两种，电动机操作机构主要适用于塑壳式断路器壳架等级额定电流 400 A 及以上的断路器和万能式断路器，而电磁铁操作机构适用于塑壳式断路器壳架等级额定电流 225 A 及以下的断路器。不管是电动机操作机构还是电磁铁操作机构，它们的吸合和转动方向都相同，仅由电动操作机构内部的凸轮的位置来达到合、分。断路器在用电动机构操作时，在额定控制电压的 85%～110%的任一电压下，能保证其可靠闭合。

图 3.3.7 电动操作机构

电动操作机构原理如图 3.3.8 所示。图中：X 为接线端子；P1、P2 为电源端子，频率 50 Hz，电压为交流 36 V 或者直流 36 V。S1、S2、S4 为分闸合闸控制端子。F11、F12、F14、F21、F22、F24 为辅助触点。

注意：P1、P2 不能和 S1、S2、S4 短接。

6. 实训内容：低压断路器的安装

1) 主要安装操作步骤

(1) 选择合适的低压断路器。

(2) 选择合适的连接用标准件。

(3) 安装。

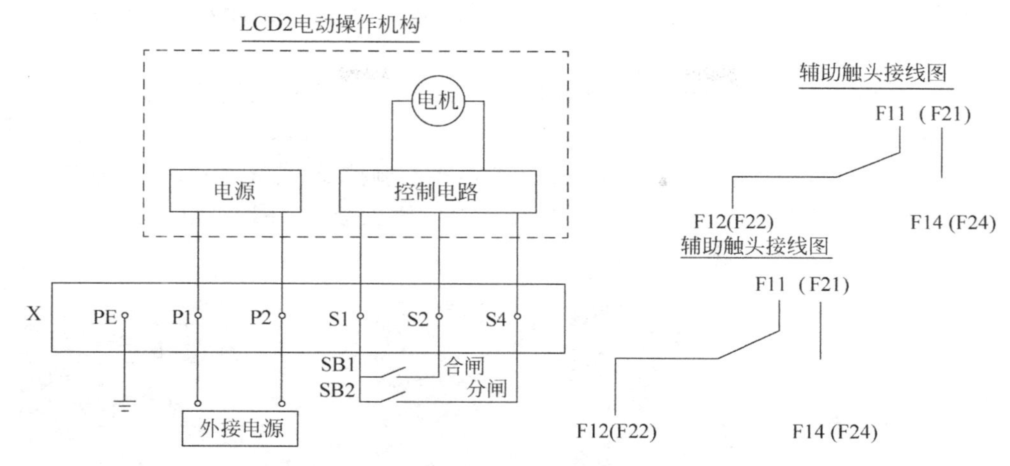

图 3.3.8　电动操作机构原理图

2）安装注意事项

（1）根据安装板的尺寸，选择合适的低压断路器。

（2）使用气动紧固工具时，要注意安全。

（3）紧固时，要防止用力过大、过紧而损坏低压断路器。

（4）安装完毕后，低压断路器应不能摇动。

（5）所有螺钉紧固件，必须加弹簧垫圈、平垫圈进行紧固。紧固后螺钉应露出2～5 扣。

3）接线要求

（1）根据接线图，选择合适的电线数量和长度，并穿好线号管，压好线鼻子。

（2）根据接线图进行连线，电动操作断路器一次电源从万能式断路器 1QF 出线侧铜排上取电；电动操作断路器二次控制电源经过熔断器从电动操作断路器一次进线侧取电。

（3）用扎带把所有连线扎好（可参考其他电线的扎法）。

（4）要求合闸按钮按下时断路器合闸动作，并且合闸指示灯亮。

（5）要求分闸按钮按下时断路器分闸动作，并且分闸指示灯亮。

4）接线步骤

（1）完成停电倒闸操作后，将“在此工作”标识牌悬挂在低压配电装置门头上方位置，如图 3.3.9 所示。

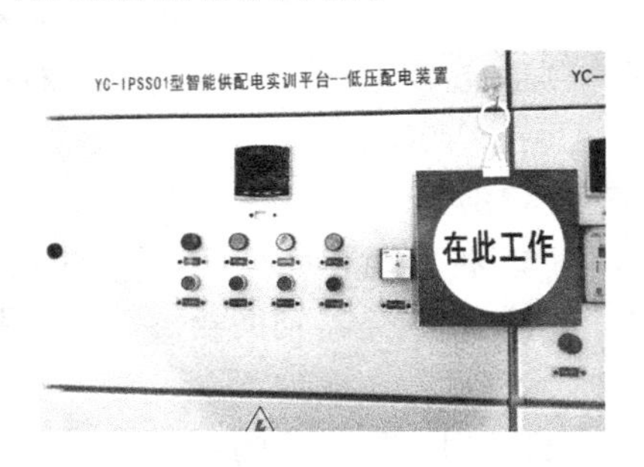

图 3.3.9　“在此工作”标识牌

（2）使用柜门钥匙打开低压配电装置柜门。

（3）用 10 mm^2 铝线从塑壳断路器的进线

端到万能断路器的出线端之间量取一根最长的导线距离，依此距离将 10 mm^2 导线裁成 3 段备用。

（4）在耗材箱中找到 OT10-12 环形线鼻子、SC10-8 窥口铜线鼻子 3 个和黄绿红色标各 2 个。

（5）压接：先使用剥线钳将 10 mm^2 铝线大约剥掉 0.5 cm 左右，套上色标，一端套上刚取出的 OT10-12 环形线鼻子，用压线帽钳压接，另一端套上 SC10-8 窥口铜线鼻子，用压线帽压接，如图 3.3.10 所示。

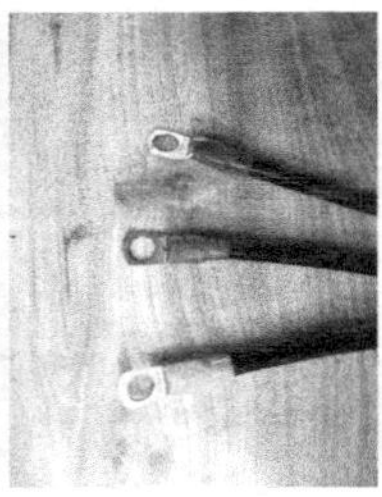

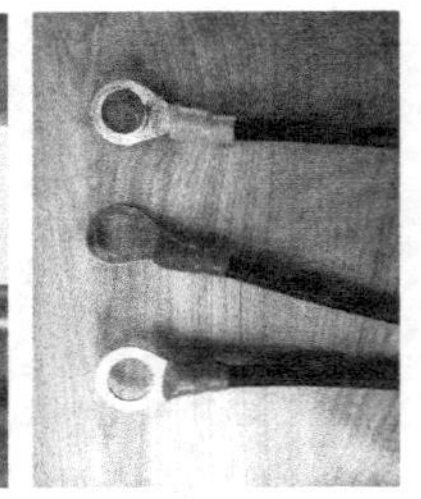

图 3.3.10　压接示意图

（6）将线横平竖直地摆放到万能断路器出线侧，使用开口扳手和活动扳手卸下对应的螺母，将环形端子按照黄绿红的顺序依次放在对应黄绿红母线上，用扳手固定好螺母，如图 3.3.11 所示。

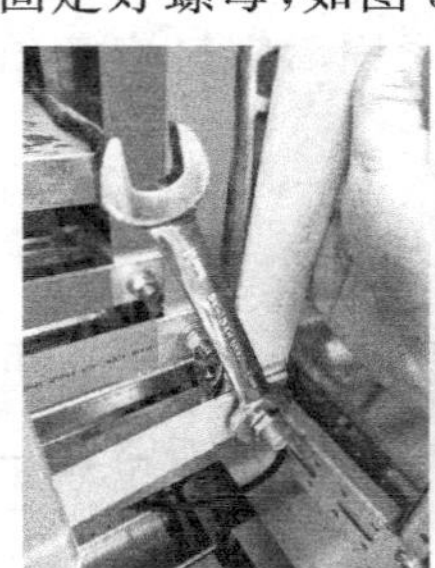

图 3.3.11　万能断路器螺母

（7）用十字螺丝刀取下塑壳断路器主回路进线侧的螺栓，将 SC10-8 窥口铜线鼻子端按黄绿红的顺序，从左至右依次放进去，再次使用十字螺丝刀上紧螺丝，如图 3.3.12 所示。

（8）使用扎带进行固定。

（9）将万用表拨至蜂鸣挡，测量塑壳断路器旁边的熔断器是否被烧毁，如果判断不出塑壳断路器辅助触点，应使用万用表测量出辅助触点的公共端、常开端、常闭端。测量方法入如下。

当万用表发出蜂鸣声则说明熔断器良好，反之则熔断器已损坏，须及时更换，如图 3.3.13 所示。

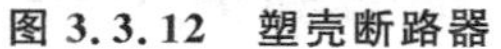

图 3.3.12　塑壳断路器

图 3.3.13　万用表测量熔断器方法示意图

公共端一般在上端或者下端，假设公共端在下端，进行测量，如图 3.3.14 所示，从显示的信息得知，当开关处于分闸状态时，中间的触点闭合，上端的触点分开，如图 3.3.15 所示。

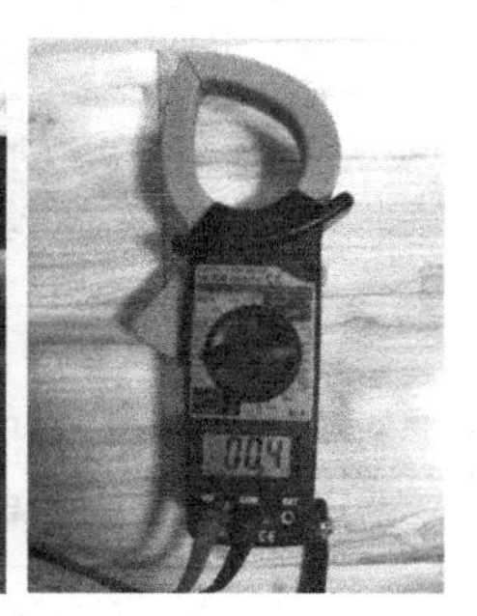

图 3.3.14　万用表公共端测量使用方法示意图(一)

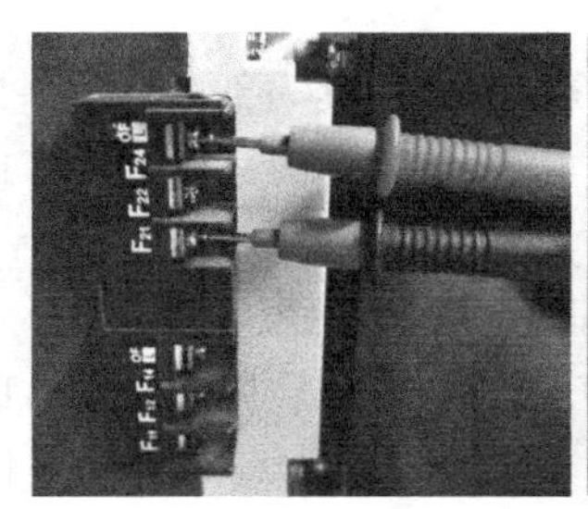

图 3.3.15　万用表公共端测量使用方法示意图(二)

取下电动操作机右侧的钥匙，拨动切换开关至手动位置，将钥匙插入孔中顺时针旋转使其到合闸位置，由图 3.3.16 可知，当开关处于合闸状态时，中间的触点断开，上端的触点闭合。此时说明猜想正确并得出下端端子为公共端、中间端子为常闭、上端端子为常开。

取下钥匙放入电动操作机构右侧孔内，拨动切换开关至自动位置。

(10) 取出 1.0 mm^2 的电线，按照横平竖直的方法量取塑壳断路器进线侧到熔

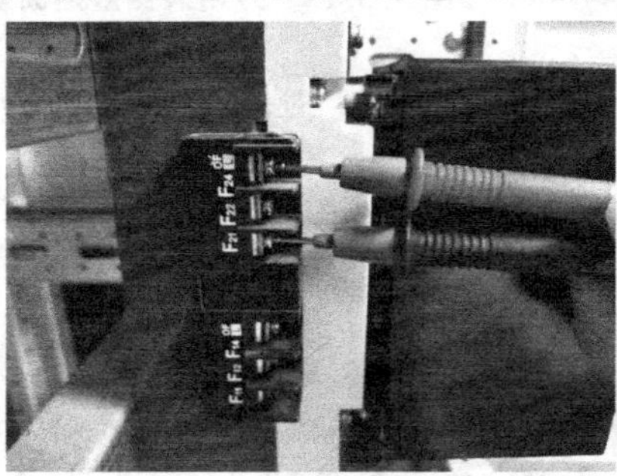

图 3.3.16 万用表公共端测量使用方法示意图(三)

断器上端的距离,裁剪出两根电线。

(11) 取出 UT1.5-3 型号 U 型线鼻子和号码管、缠绕管等备用。

(12) 给裁剪出的两根电线套上不同的号码管,一端压 U 型 UT1.5-3 型线鼻子,另一端压 OT1.5-10 环形线鼻子。

(13) 二次回路的取电:

由塑壳断路器主回路取电,并要过熔断器,将环形 OT1.5-10 端子固定在塑壳断路器的主回路任意两相(这里取 A 相和 B 相为例),U 型 UT1.5-3 线鼻子固定在熔断器的上侧,如图 3.3.17 所示。

(14) 同上方法将压好端子的两根导线一端固定在熔断器的下端,另一端固定在电动操作机构的 P1、P2 端子上(压线端子均采用 U 型 UT1.5-3 线鼻子),如图 3.3.18 所示。

(15) 同上方法将合闸按钮与分闸按钮的一端进行并联且连接到电动操作机构 S1 端子(分合闸公共端)。合闸按钮的另一端连接到电动操作机构的 S2 端,分闸按钮的另一端连接到电动操作机构的 S4 端(压线端子均采用 U 型 UT1.5-3 线鼻子),如图 3.3.19 所示。

(16) 同上方法将左边熔断器下侧连接到塑壳断路器辅助触点的公共端(F11),将常闭端(F12)连接到分闸指示灯的一端,将常开端(F14)连接到合闸指示灯的一端,将分闸指示灯与合闸指示灯另一端连接到右边熔断器的下端(压线端子均采用 U 型 UT1.5-3 线鼻子),如图 3.3.20 所示。

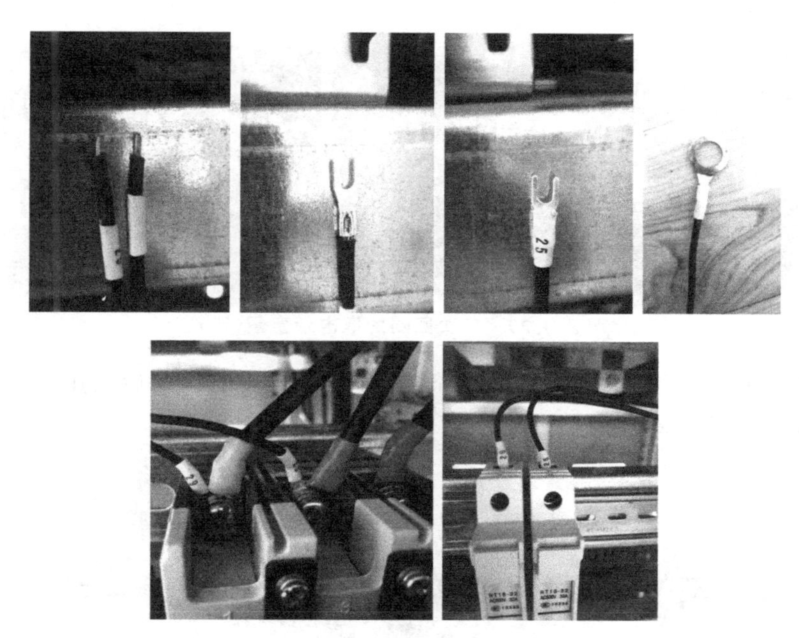

图 3.3.17　二次回路的取电示意图(一)

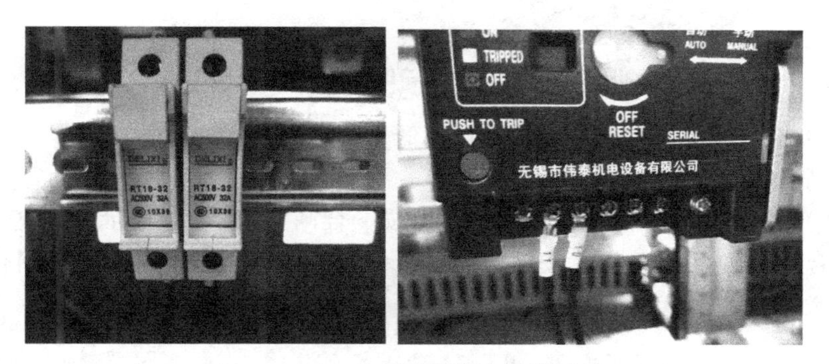

图 3.3.18　二次回路的取电示意图(二)

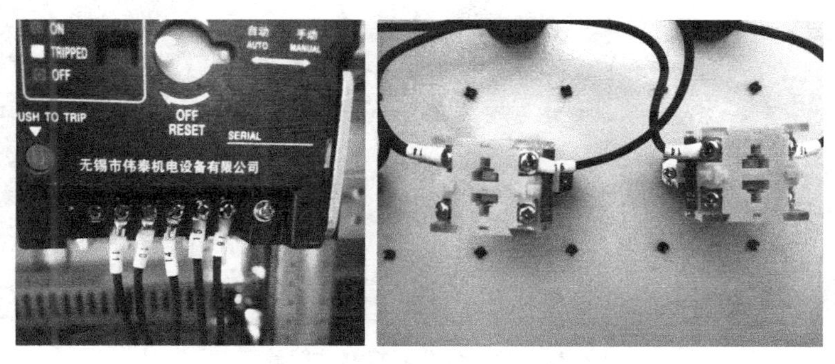

图 3.3.19　二次回路的取电示意图(三)

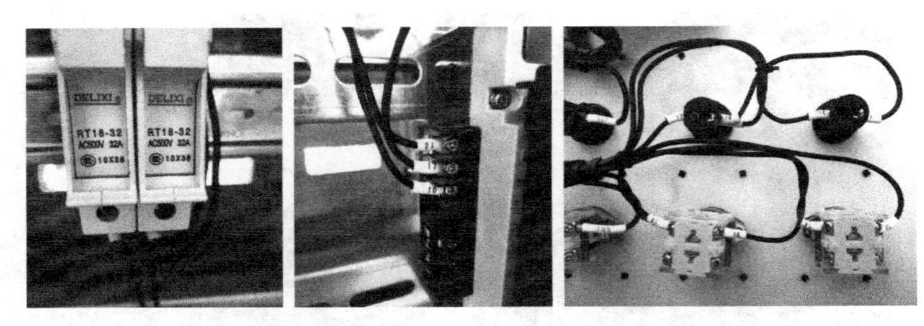

图 3.3.20 二次回路的取电示意图(四)

(17) 使用缠绕管缠绕刚接的线路,进行横平竖直的摆放后使用扎带进行固定,如图 3.3.21 所示。

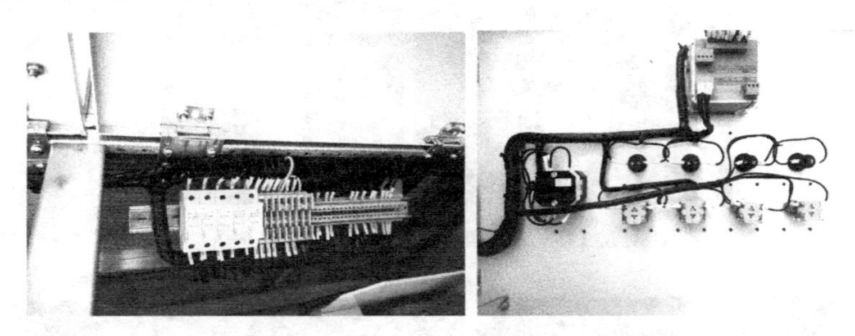

图 3.3.21 二次回路的取电示意图(五)

(18) 检查无工具、散落的电线放在低压配电装置后锁好柜门,取下“在此工作”标识牌,进行送电倒闸操作。

(19) 分、合闸控制功能验证:上电后按下合闸按钮,合闸指示灯电亮,确保断路器在合闸位置;按下分闸按钮,分闸指示灯电亮,确保断路器在分闸位置,如图 3.3.22 所示。

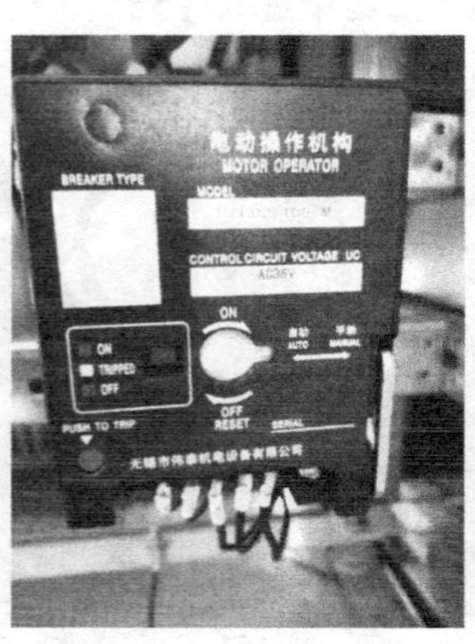

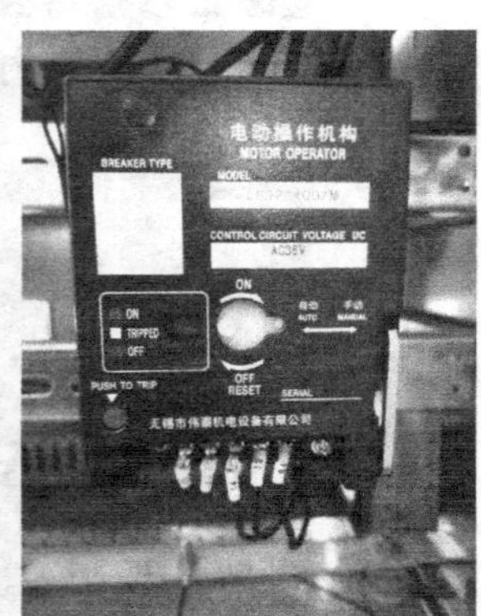

图 3.3.22 分合闸控制功能验证

7. 低压熔断器

低压熔断器(俗称保险丝)通常简称为熔断器适用于低压交流或直流系统中，其串接在电路中，当电路正常时，熔丝温度较低，不能熔断，如果电路发生严重过载或短路并超过一定时间后，电流产生的热量将使熔丝熔化并分断电路，起到保护的作用。低压熔断器是作为线路和电气设备的过载及系统的短路保护元件，在原理图上熔断器的图形符号及文字符号如图 3.3.23 所示。

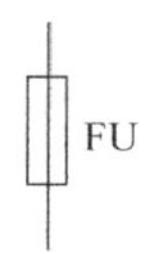

图 3.3.23　原理图上熔断器的图形符号及文字符号

熔断器一般由熔断体（熔丝)及支持件(底座)组成，支持件是熔断器底座与载熔件的组合，由于熔断器的类型及结构不同，底座的额定电流是配用熔丝的最大额定电流。常用熔断器的外形如图 3.3.24 所示。

RL系列螺旋式

RT型圆筒帽型

瓷插式

RS系列有填料快速式

图 3.3.24　常用熔断器

1）熔断器的作用

熔断器的作用是在线路中作短路保护，通常简称为熔断器。短路是由于电气设备或导线的绝缘损坏而导致的一种电气故障。使用时，将熔断器串联在被保护的电路中。正常情况下，熔断器的熔体相当于一段导线；当电路发生短路故障时，熔体能迅速熔断分断电路，从而起到保护线路和电气设备的作用。

2）熔断器的结构

熔断器主要有熔体、安装熔体的熔管和熔座三部分组成，如图 3.3.25 所示。

(1) 熔体。熔断器的核心，常做成丝状、片状或栅状，制作熔体的材料一般有铅锡合金、锌、铜、银等，根据受保护电路的要求而定。

(2) 熔管。熔体的保护外壳，用耐热绝缘材料制成，在熔体熔断时兼有灭弧作用。

(3) 熔座。熔断器的底座，用于固定熔管和外接引线。

3）熔断器的主要技术参数

(1) 额定电压。熔断器的额定电压是指能保证熔断器长期正常工作的电压，若熔断器的实际电压大于其额定电压，熔体熔断时可能会发生电弧不能熄灭的危险。

(2) 额定电流。熔断器的额定电流是指保证熔断器能长期正常工作的电流，是由熔断器各部分长期工作时的允许温升决定的。

(3) 时间-电流特性。图 3.3.26 所示为熔断器的时间-电流特性曲线。从特性上可以看出，熔断器的熔断时间随电流的增大而缩短，是反时限特性。熔体电流小于等于熔体额定电流。

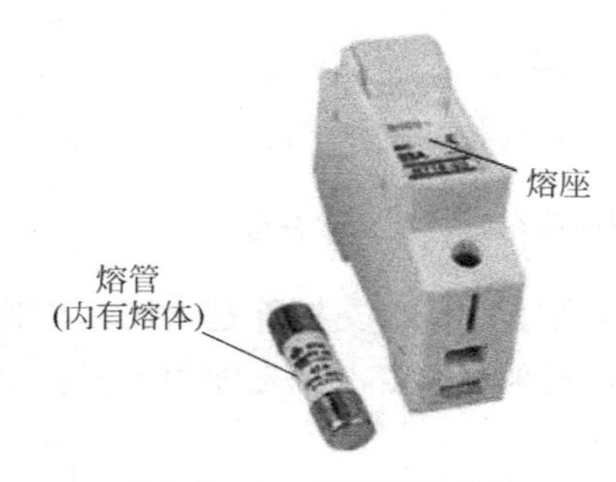

图 3.3.25 熔断器的结构

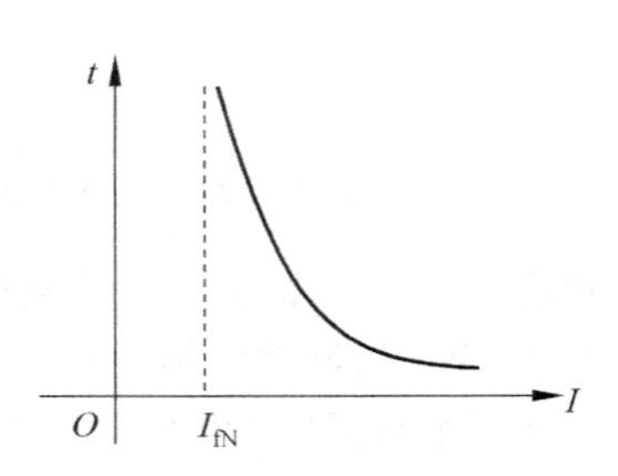

图 3.3.26 时间-电流特性

可见，熔断器对过载的反应是很不灵敏的，当电气设备发生轻度过载时，熔断器将持续很长时间才能熔断，有时甚至不熔断。因此，除照明和电加热电路外，熔断器一般不宜用作过载保护电器，主要用于短路保护。

4) 熔断器型号

低压熔断器型号如图 3.3.27 所示。

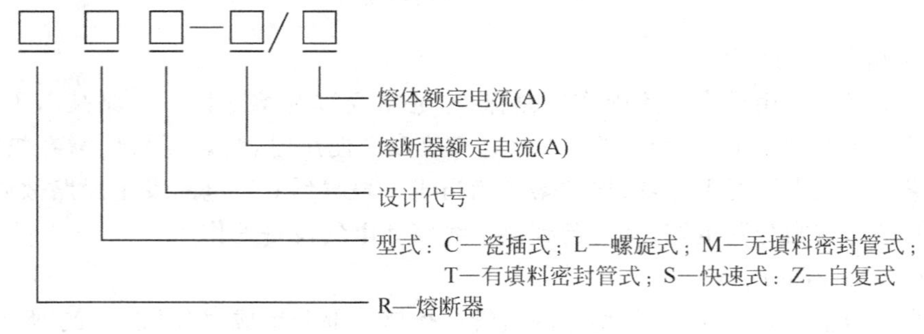

图 3.3.27 熔断器的型号及含义

5) 熔断器的选用

(1) 熔断器类型的选用

根据使用环境、负载性质和短路电流的大小选用适当类型的熔断器。

(2) 熔断器额定电压和额定电流的选用

熔断器的额定电压必须等于或大于线路的额定电压。

熔断器的额定电流必须等于或大于所装熔体的额定电流。

6）熔体额定电流的选用

（1）对照明和电热等的短路保护，熔体的额定电流应等于或稍大于负载的额定电流。

（2）对一台不经常启动且启动时间不长的电动机的短路保护，应有：

$$I_{RN} \geqslant (1.5 \sim 2.5) I_N$$

（3）对多台电动机的短路保护，应有：

$$I_{RN} \geqslant (1.5 \sim 2.5) I_{Nmax} + \sum_{i=0}^{n-1} I_{Ni}$$

7）熔断器的安装与使用

（1）熔断器兼作隔离器件使用时，应安装在控制开关的电源进线端；若仅作短路保护时，应安装在控制开关的出线端。

（2）圆筒帽型熔断器的电源线应安装在底座的上接线端，负载线应该接在底座的下接线端。

（3）紧固时，要防止用力过大、过紧而损坏熔断器。

（4）下拉圆筒帽型熔断器卡扣将其卡紧在导轨上。

（5）安装完毕，熔断器不能摇动。

（6）所有螺钉紧固件，必须加弹簧垫圈、平垫圈进行紧固。紧固后螺钉应露出2～5扣。

（7）更换熔体或熔管时，必须切断电源，不允许带负荷操作。

8）熔断器的常见故障及处理方法

熔断器的常见故障及处理方法见表3.3.1。

表3.3.1　熔断器的常见故障及处理方法

故障现象	可能原因	处理方法
电路接通瞬间，熔体熔断	熔体电流等级选择过小	更换熔体
	负载侧短路或接地	排除负载故障
	熔体安装时受机械损伤	更换熔体
熔体未熔断，但电路不通	熔体或接线座接触不良	重新连接

8. 按钮

按钮是一种结构简单、运用广泛的主令电器，是短时间接通或断开电路的手动主令电器。图3.3.28是几种常用的按钮。

按钮的结构类型如图3.3.29所示。

按钮一般由按钮帽、复位弹簧、桥式动触头、静触头、支柱连杆及外壳等部分组成。按钮按静态时触头的分合状态，分为启动按钮（即常开按钮）、停止按钮（即常闭按钮）和复合按钮（即常开、常闭触头组合为一体的按钮）。

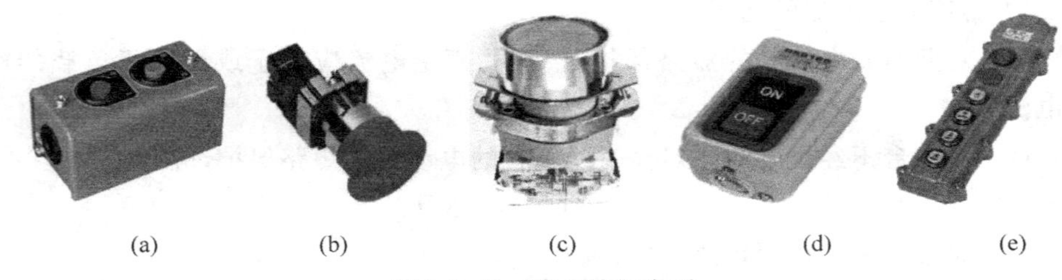

(a) (b) (c) (d) (e)

图 3.3.28 常用按钮类型

(a) LA10 系列；(b) LA19 系列；(c) LAY8 系列；(d) BS 系列；(e) COB 系列

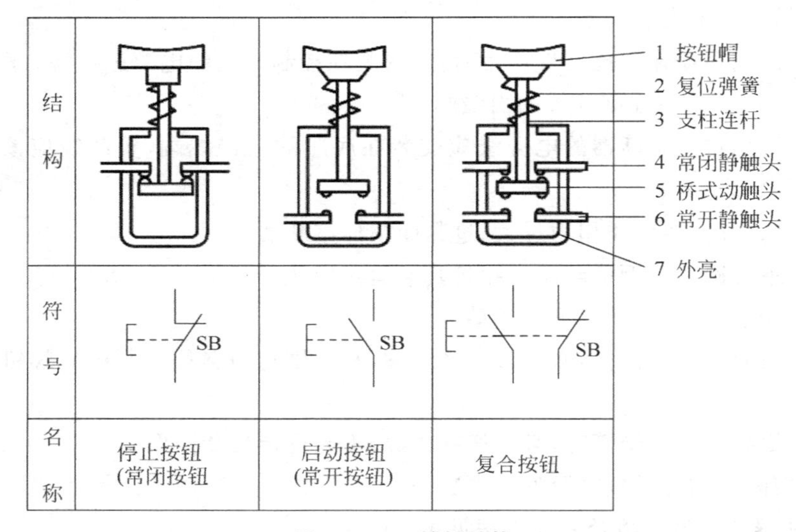

图 3.3.29 按钮结构

按钮的触头允许通过的电流较小，一般不超过 5 A。因此，一般情况下，它不直接控制主电路(大电流电路)的通断，而是在控制电路(小电流电路)中发出指令或信号，控制接触器、继电器等电器，再由它们去控制主电路的通断、功能转换或电气联锁。

LA 系列按钮开关的型号及含义如图 3.3.30 所示。

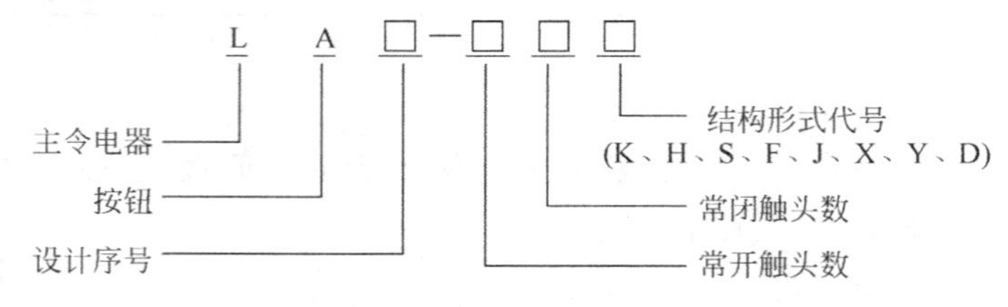

图 3.3.30 LA 系列按钮开关的型号及含义

实际使用中,应按照以下要求正确选择合适的按钮类型。

(1) 根据使用场合和具体用途选择按钮的种类。例如,嵌装在操作面板上的按钮可选用开启式;需显示工作状态的选用光标式;需要防止无关人员误操作的重要场合宜用钥匙操作式;在有腐蚀性气体处要用防腐式。

(2) 根据工作状态指示和工作情况要求,选择按钮或指示灯的颜色。例如,启动按钮可选用白、灰或黑色,优先选用白色,也可选用绿色。急停按钮应选用红色。停止按钮可选用黑、灰或白色,优先用黑色,也可选用红色。

(3) 根据控制回路的需要选择按钮的数量。如单联钮、双联钮和三联钮。

按钮安装正确与否,关系到电路的控制质量和安全,下面以 LAY8 系列为例介绍其安装要领。

(1) 将按钮背面的螺丝逆时针松卸下来,如图 3.3.31 所示。

图 3.3.31　LAY8 按钮(一)

(2) 将按钮面板和接线端子逆时针旋转将其分开,如图 3.3.32 所示。

图 3.3.32　LAY8 按钮(二)

(3) 将按钮面板从配电柜正面面板预留孔中穿过,背面将接线端子套在其上顺时针旋转卡紧。

(4) 将按钮背面的螺丝顺时针紧固。

9. 指示灯

指示灯主要以光亮指示的方式来显示下列种类的信息。

(1) 指示:吸引操作者的注意或指示某种工作必须去做。红、黄、绿及蓝色通常用在这种模式。

(2) 确认：确认某一种状态、一个命令或一个条件，确认一个改变或转变周期的中止正在执行或已被执行。蓝色及白色通常使用于此模式，而绿色在有些情况下可以使用，如图 3.3.33 所示。

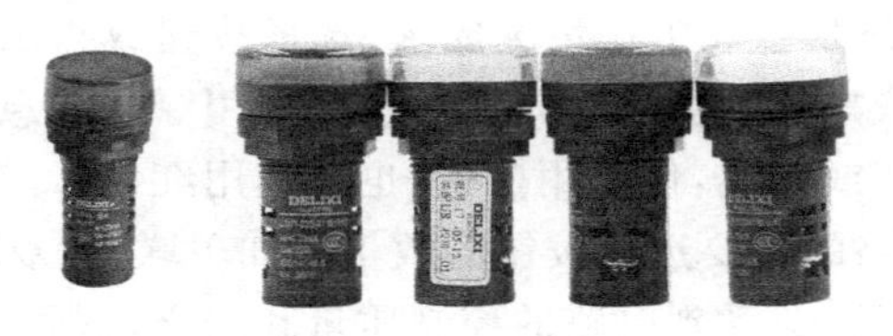

图 3.3.33 指示灯

在智能供配电装置中合闸按钮为绿色，合闸指示灯为红色；分闸按钮为红色，分闸指示灯为绿色。接地刀闸合闸指示灯为白色，接地刀闸分闸指示灯为黄色。

图 3.3.34 指示灯及螺母

指示灯应该按照以下给出的方法正确安装。

(1) 逆时针旋转指示灯上的螺母将其取下，如图 3.3.34 所示。

(2) 将对应的指示灯螺栓部分从配电柜正面穿过预留的孔中。

(3) 将塑料螺母从背面顺时针旋转紧固在指示灯螺栓上。

10. 万能转换开关

万能转换开关用在交、直流 220 V 及以下的电气设备中，可以对各种开关设备进行远距离控制，它可作为电压表、电流表测量换相开关，或小型电动机的启动、制动、正反转切换控制及各种控制电路的操作，其特点是开关的触点挡位多，换接线路多，一次操作可以实现多个命令接换，用途非常广泛，故称为万能转换开关。有时还需给出转换开关转动到不同位置的接点通断表。图 3.3.35 是常见的几种万能转换开关。

图 3.3.35 常见的几种万能转化开关

图 3.3.36(a)是万能转换开关的接线图；图 3.3.36(b)是触点闭合表。

在零位时无触点闭合；往左旋转时 3-4、5-6 触点闭合；往右旋转时 1-2、7-8 触点闭合。

图 3.3.36(b)中有“×”记号的表示在该置触点是接通的。

万能转换开关主要由触头系统、操作机构、转轴、手柄和定位机构等组成。其

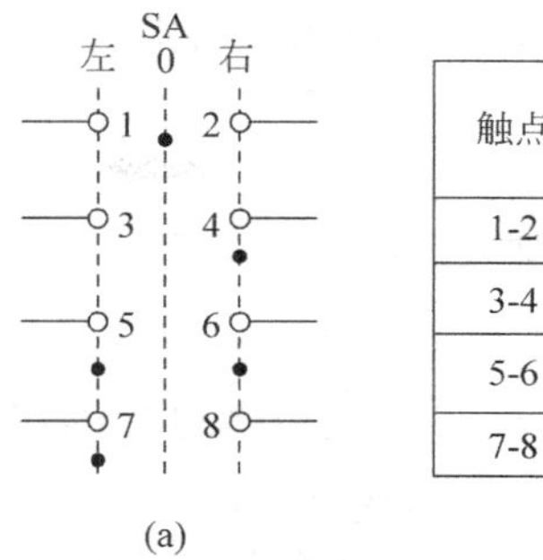

触点	位置		
	左	0	右
1-2			×
3-4	×		
5-6	×		
7-8			×

(a)　　(b)

图 3.3.36　万能转化开关图形符号和接点通断表

(a) 图形及文字符号；(b) 触头接线表

由很多层触头底座叠合，每层触头底座内装有一对(或三对)触头和一个装在转轴上的凸轮一起转，凸轮就可以接通和断开触头。由于每层凸轮的形状不同，当手柄转到不同操作位置时，通过棘轮的作用，各对触头就可以根据需要的规律接通和分断，从而达到转换电路的目的。万能转换开关应根据用途、触头的挡数来选择。

万能转换开关的安装过程如下。

(1) 拆掉中间螺丝，取下旋钮，如图 3.3.37 所示。

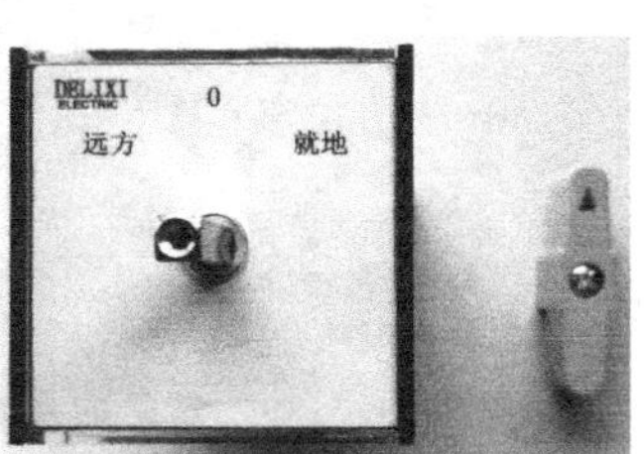

图 3.3.37　万能转换开关的安装过程示意图

(2) 取下远方就地纸片和透明塑料盖。

(3) 拆下左右两边的螺丝，取下黑色的塑壳底座，如图 3.3.38 所示。

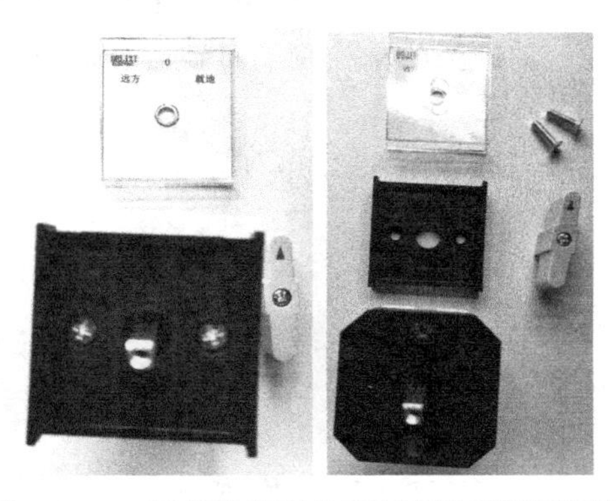

图 3.3.38　万能转换开关塑壳底座拆卸示意图

(4) 将带有接线端子的一端从柜门后面的孔中穿出来，柜门正面盖上黑色的塑壳底座，紧固左右两边的螺丝。

(5) 将纸片和透明塑料盖盖上。

(6) 将旋钮装上后紧固中间的螺丝。

11. 电流互感器

电流互感器(current transformer，CT)是依据电磁感应原理将一次侧大电流转换成二次侧小电流(额定值为 5 A 或 1 A)的设备，在正常使用条件下其二次电流与一次电流实际成正比，且在连接方法正确时其相位差接近于零，主要结构有一次绕组、二次绕组和铁心。其主要作用如下。

(1) 传递信息供给测量仪表、仪器或继电保护、控制装置。

(2) 使测量、保护和控制装置与高电压相隔离。

(3) 有利于测量仪器、仪表和保护、控制装置的小型化、标准化。

电流互感器主要分为测量级互感器和保护级互感器两大类，常见的几种电流互感器如图 3.3.39 所示。

图 3.3.39 常见的几种电流互感器

测量级电流互感器：专门用于测量电流和电能的电流互感器，其测量准确度等级有 0.1、0.2、0.5、1.0、0.2S、0.5S、3、5 等。

保护级电流互感器：专门用于继电保护和自动控制的电流互感器，其测量准确度等级有 5P、10P、5PR、10PR、PX、X、PS、PL、TPX、TPY、TPS 等。

电流互感器铁心开气隙的目的是控制剩磁铁心。需开气隙的电流互感器等级有 5PR、10PR、TPY。

国产电流互感器型号说明如图 3.3.40 所示。

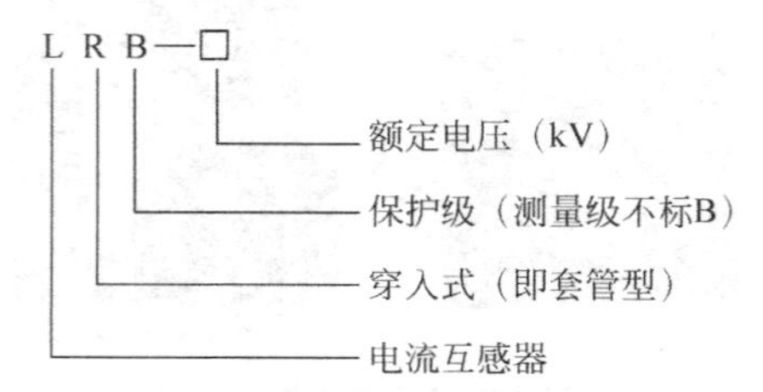

图 3.3.40 电流互感器型号说明

电流互感器是依据电磁感应原理来工作的，其基本原理如图 3.3.41 所示。图中，P_1-P_2 为互感器的原边，即一次绕组，对于套管型电流互感器，一次绕组匝数为 1 匝(即高压套管)；对于独立式电流互感器，一次绕组为 1 匝或多匝(如供上海 ABB 产品、间隙电流互感器)。S_1-S_2 为互感器的副边，即二次绕组。R_{ct} 为互感器二次绕组直流电阻(折算到 75℃)。Z 为额定二次负荷，用 VA 或 Ω 表示，功率因数 $\cos\varphi=0.8$(没有特殊指定时)。

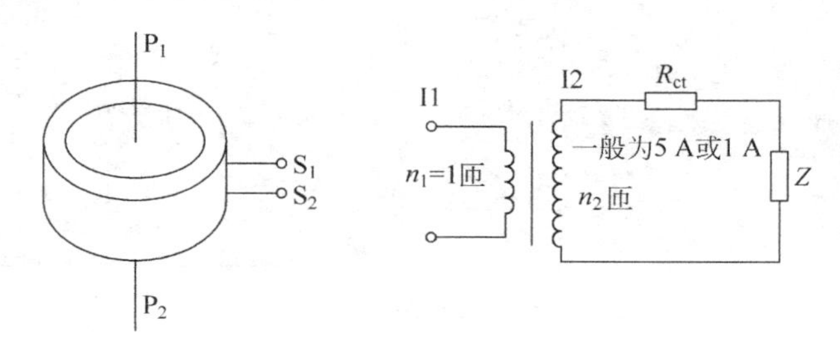

图 3.3.41　电流互感器基本原理

套管型电流互感器常用计算公式为，当一次侧匝数为 1 匝时，二次绕组的匝数等于额定一次电流与额定二次电流之比。例如，600/5 A 的 CT 二次绕组的匝数为 600/5＝120；600/1 A 的 CT 二次匝数为 600/1＝600。

电流互感器在使用时应注意以下两点。第一，它的一次侧绕组匝数很少，串在需要测量的电流的线路中，因此它经常有线路的全部电流流过；二次侧绕组匝数比较多，串接在测量仪表和保护回路中。第二，电流互感器在工作时，它的二次侧回路始终闭合，因此测量仪表和保护回路串联线圈的阻抗很小，电流互感器的工作状态接近短路。电流互感器是把一次侧大电流转换成二次侧小电流来使用，二次侧不可开路。

12. 三相多功能电力仪表

三相多功能电力仪表，是专为配电系统、工矿企业、公共楼宇的电力监控系统而设计的。它可测量三相交流电路上的常用电力参数，如三相相电压、三相线电压、三相电流、有功功率、无功功率、视在功率、功率数、频率、四象限电能等。它们都配有 RS485 通信接口，通过标准的 Modbus 协议，可与各种组态系统兼容，从而将前端采集到的电参量实时传送给系统数据中心。作为一种先进的智能化、数字化的电力信号采集装置，该系列仪表已广泛应用于各种控制系统、SCADA 系统、DCS 系统和电能管理系统等。

运行管理装置内预留一台多功能电力仪表、无功补偿支路的三台电流互感器以及二次线。三相电网系统中需要进行检测的电量参数有三相电压、无功补偿支路的三相电流、有功功率、无功功率、功率因数、电网频率、有功电能、无功电能等，并带有通信接口功能。三相多功能电力仪表如图 3.3.42 所示，有三相三线制和三相四线制接线两种方式,学生都需要掌握。学生根据三相多功能电力仪表说明书,设计出接线图。

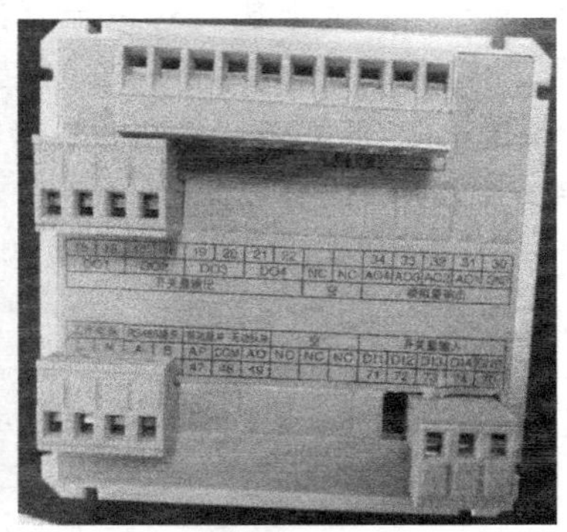

图 3.3.42 三相多功能电力仪表

1) 三相多功能电力仪表的技术参数

以运行管理装置上的三相多功能电力仪表为例,其技术参数如表 3.3.2 所示。

表 3.3.2 技术参数

名称			参数
信号输入	接线		三相四线 Y34/三相三线制 V33
	电压	量程	400 V/100 V
		过载	持续:1.2 倍 瞬时:2 倍
		功耗	<1 VA
	电流	量程	5 A/1 A
		过载	持续:1.2 倍 瞬时:2 倍
		功耗	<1 VA
	频率		40~65 Hz
电源			AC220 V(默认)或者 AC/DC80~270 V
电能脉冲			无源光耦集电极输出 固定脉宽 80 mS±20%
通信			RS485 通信接口,物理层隔离 符合国际标准的 MODBUS_RTU 协议 通信速度 4 800~38 400 校验方式 N81,E81,O81
模拟输出			0/4~20 mA 或 0~5/10 V 变送输出 可编程设置变送项目和对应值

续表

名　　称	参　　数
继电器输出	可编程遥控/报警继电器输出 容量 5 A/250 V AC,5 A/30 V DC 可编程报警电量,开关输入,模拟量输入或者遥控方式
遥测开关	遥测开关输入测量,无源干结点输入 可编程关联报警输出
模拟输入	0/4～20 mA 模拟量输入测量 可编报警输出
测量等级	电量：0.5S 有功电能：0.5S 频率：±0.1 Hz 无功电能：1.0
显示方式	高清液晶显示
环境	工作温度：－10～55℃ 储存温度：－20～75℃
安全	绝缘：信号,电源,输出端子对壳电阻＞5 MΩ 耐压：信号输入,电源,输出＞AC2 kV
外形	尺寸：2S 型：120 mm×120 mm×106 mm,9S 型：96 mm×96 mm×95 mm 重量：2S 型：0.6 kg

2）三相多功能电力仪表的安装与接线

三相多功能电力仪表尺寸如图 3.3.43 和表 3.3.3 所示,安装方法如图 3.3.44 所示。

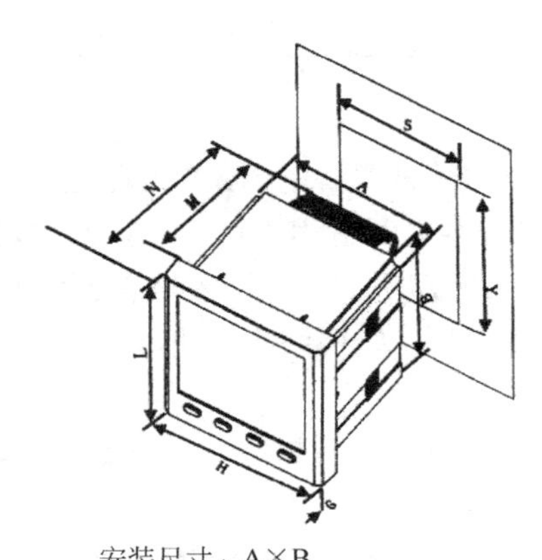

安装尺寸：A×B
开孔尺寸：S×Y
面板尺寸：L×H（单位：mm）

图 3.3.43　三相多功能电力仪表尺寸

表 3.3.3 三相多功能电力仪表尺寸

外形尺寸 $L\times H$/(mm×mm)	屏装配合尺寸 $A\times B$/(mm×mm)	开孔尺寸 $S\times Y$/(mm×mm)	总长 N/mm	深度 M/mm
120×120	110×110	111×111	93	78
96×96	91×91	92×92	93	78
80×80	75×75	76×76	71	68
80×80	67×67	68×68	71	68

前视图

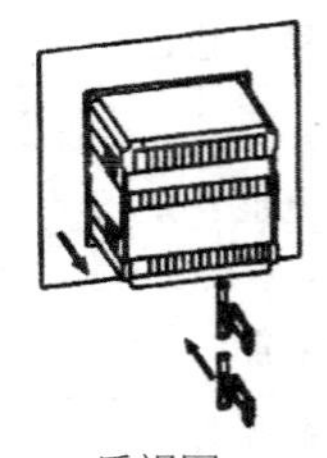
后视图

图 3.3.44 三相多功能电力仪表安装方法

三相多功能电力仪表接线端子功能说明如表 3.3.4 所示。

表 3.3.4 信号和功能端子编号

电源	1,2	AC220 V 默认出厂,AC/DC80～270 V
电流信号	4,5,6,7,8,9	4,6,8 为三相电流进线端
电压信号	11,12,13,14	分别为三相电压输入 Ua,Ub,Uc,Un
继电器输出	15～22	4 路继电器输出
变送输出	30,31,32,33,34	4 路 4～20 mA 变送输出,30 为公共端
电能脉冲	47,48,49	47,49 为无源输出的正端,接外供电源的正端
RS485	58,59	分别为 A+,B−
开关输入	70～71	4 路开关输入,70 为公共端

接线时应注意以下几点。

(1) 11,12 为仪表工作的辅助电源,极限的电源电压为默认出厂 AC220 V 或 AC/DC80～270 V,请确保所供电源适用于该系列产品,以防止损坏产品。

(2) 4,6,8 为电流互感器的进线端子,带 * 号表示为电流进线端子。

(3) 三相三线接法: 在三相三线网络中 B 相电流不需连接,U_b 接 14 号端子,其具体接线方式可以参照图 3.3.42。

(4) 详细接线端子的使用,请按照具体产品外壳上的接线图进行连接

三相多功能电力仪表典型接线方式如图 3.3.45 所示。

图 3.3.45 是外形尺寸为 120 mm×120 mm 的增强型仪表的接线图,其余产品的接线图与其类似,只是接线端子和功能模块减少而已。各个产品的接线端子次序略有所不同,接线时,请按照产品外壳上的接线图进行连接。

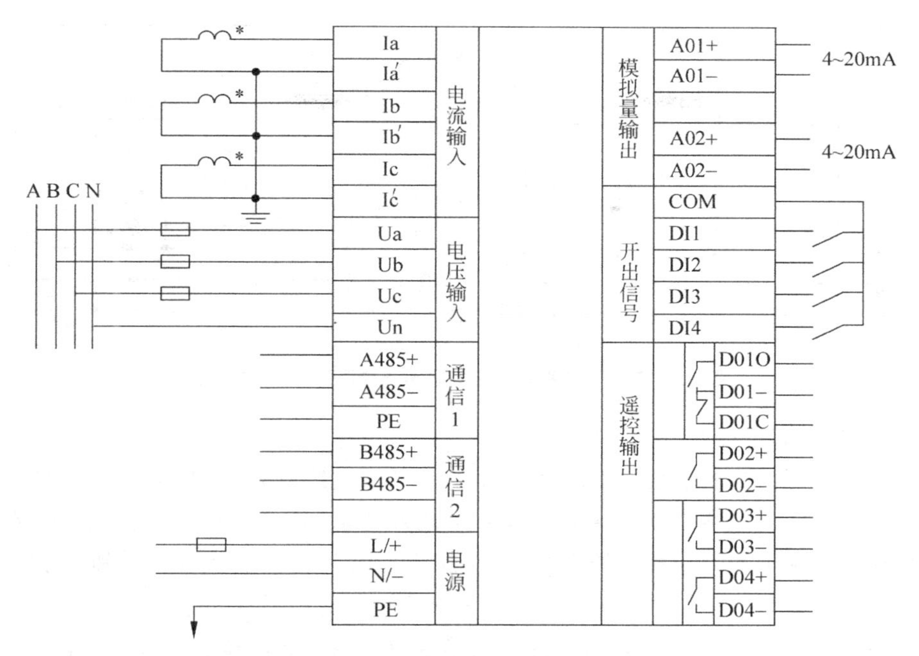

图 3.3.45　三相多功能电力仪表典型接线方式

注意仪表内可设置三相四线制(图 3.3.46)和三相三线制(图 3.3.47)两种接线方式,实际接线方式和表内设置方式必须一致,否则仪表的测量数据不准确。

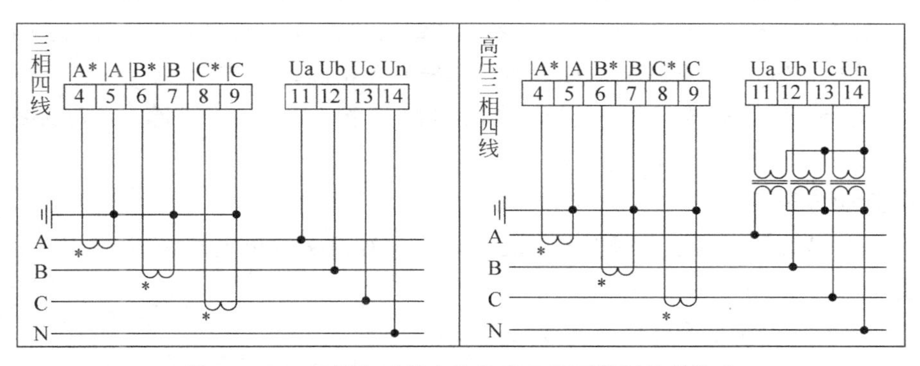

图 3.3.46　三相多功能电力仪表三相四线制接线方式

按照图 3.3.46 和图 3.3.47 接线时应注意以下内容。

(1) 电压输入:输入电压不要高于产品的额定输入电压(100 V 或 400 V),否则应考虑使用 PT,为了便于维护,建议使用接线排。

(2) 电流输入:标准额定输入电流为 5 A,大于 5 A 的情况应使用外部 CT,如果使用的 CT 上连有其他仪表接线,应采用串接方式,去除产品的电流输入连线之前,一定要先断开 CT 一次回路或者短接二次回路。为便于维护,建议使用接线排。

(3) 要确保输入电压、电流相对应,相序一致,方向一致,否则会出现数值和符

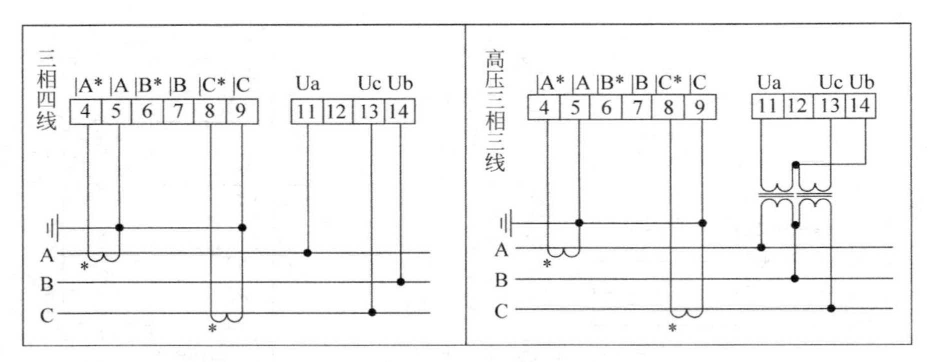

图 3.3.47　三相多功能电力仪表三相三线制接线方式

号错误(功率和电能)。

(4) 仪表可以工作在三相四线方式或者三相三线方式,用户应根据现场使用情况选择相应的接线方式。一般在没有中性线的情况下使用三相三线方式,在有中性线的情况下使用三相四线方式,三相三线可以只安装 2 个 CT(A 和 C 相),三相四线需要安装三个 CT(在只有 2 CT 情况下可以合成另一相电流)。

注: 具体接线方式、脉冲常数等技术参数以产品随机接线图为准。

3) 三相多功能电力仪表的编程操作

(1) 进入和退出编程状态

在显示状态时按一下"SET"键进入密码认证页面,使用"←"键或"→"键输入密码(默认用户输入密码为 0001),再按"↵"键就进入编程状态页面。注意如果输入密码按"↵"键后页面不动作,则表示输入密码不正确。

在已退到编程界面第一层菜单的情况下按一下"SET"键,仪表会提示"SAVE-YES",此时有两种操作可选:

① 保存退出:选择"↵"键保存退出;

② 保持编程状态:选择"SET"键表示不保存直接退出编程状态,此时先前所有改动均无效。

(2) 编程操作中按键的使用方法

"→"键和"←"键用于同层菜单的切换键或数值的加减;"SET"键用于某菜单上退出或进入编程界面,"↵"键用于进入下层菜单或修改数值后的确认。

数显界面下个十百千位的增减操作:

① 个位数的增减"←"键(按"←"可以增加数据,0～9 循环)。

② 十位数的增减:进行十位数字量的增(减)时,可以按"→"键进行移位操作,然后再按"←"键进行增加或减小。

③ 百位数的增减:进行百位数字量的增(减)时,可以按"→"键进行移位操作,然后再按"←"键进行增加或减小。

④ 千位数的增减：进行千位数字量的增(减)时，可以按"→"键进行移位操作，然后再按"←"键进行增加或减小。

例如在菜单项目 INPT-PT-0001 下，若按"←"键会变成 INPT-PT-0002；若按"→"键，可以对十位进行加减操作，此时，若再按"←"键会变成 INPT-PT-0012；若再按"←"键后可以对百位进行加减操作；若再按"←"键会变成 INPT-PT-0112，若再按"←"键可以对千位进行加减操作；若再接"←"键会变成 INPT-PT-112。

(3) 编程操作

在编程状态下显示界面采用分层结构的菜单方式，仪表提供三排 LED 显示：第 1 排为第一层菜单信息；第 2 排 LED 显示第二层菜单信息；第 3 排 LED 提供第三层菜单信息。

例如表 3.3.5 中的第 1 层：INPT 信号输入；第 2 层：I. SCL 电流范围；第 3 层：5 A 电流量程值，即设置输入信号的电流范围为 5 A。具体设置步骤如图 3.3.48 所示。

表 3.3.5　三相多功能电力仪表菜单结构表

第 1 层	第 2 层	第 3 层	描　述
系统设置 SET	密码 CODE	0～9 999	设置用户密码
	显示 DISP	ALL 或其他数据	设置优先循环显示项目(如设置为 U-则通电时优先显示电压，设置为 ALL 为关闭循环显示，此时需要手动按左右键进行查看)
	清电能清需量 CLr.	"↵"或者"SET"	按"↵"清 0 电能累积数据 按 SET 则返回不清零
信号输入 INPT	接线方式 NET	N. 3. 4 或 N. 3. 3	选择输入信号的接线方式(N. 3. 4 为三相四线，N. 3. 3 为三相三线)
	电压范围 U. SCL	400 V 或 100 V	选择输入电压的量程(出厂之后不能修改)
	电流范围 I. SCL	5 A 或 1 A	选择输入电流的量程(出厂之后不能修改)
	电压变比 PT	1～9 999	设置电压变比=1 次刻度/2 次刻度
	电流变比 CT	1～9 999	设置电流变比=1 次刻度/2 次刻度
通信设置	地址 SN	1～247	仪表地址范围 1～247
	通信速度 BAUD	4 800～38 400	波特率 4 800，9 600，19 200，38 400
	数据格式 DATA	N，E，O 数据格式	数据格式 N81，E81，081
继电器输出设置 DO-i (i 为 1～4)	选择报警项目或关闭报警	设置报警项目的具体门限值	选择报警项目，并设置相应的门限值，一旦满足报警条件，开关输出导通。例如设置成"do-1""U. UA""3 800"，则表示当 A 相电压大于 380 V 时第一路继电器输出导通

续表

第1层	第2层	第3层	描　　述
变送输出设置 AO-i（i 为 1～4）	选择变送项目或关闭变送输出	设置变送项目的满刻度值	选择变送项目和所对应的电量参数(即 0～20 mA,4～20 mA,4～12～20 mA)例如设置成“Ao-1”“IAH”“5 000”则表示当 A 相电流 0～5 A 对应第一路 4～20 mA 的变送输出信号

通信设置举例：用户如果用到仪表的通信功能时，一般都要查一下仪表通信参数或做相应的修改，本例用户要修改仪表通信地址为12，波特率为19 200，数据格式为o. 8. 1奇校验方式。（假定仪表在编程前参数：地址为1，波特率为9 600，数据格式为n. 8. 1无校验）。

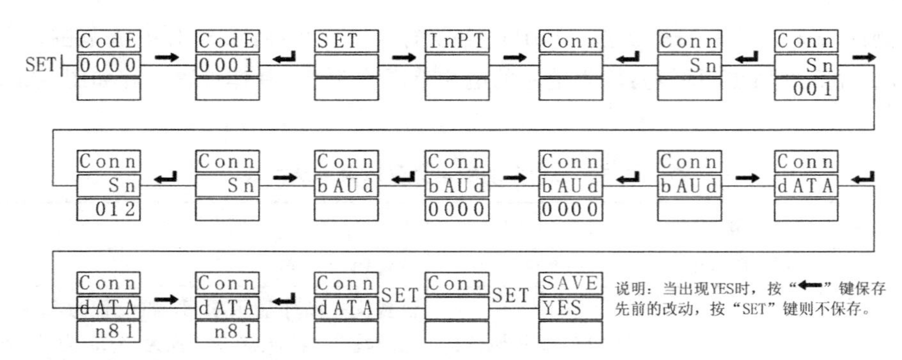

继电器报警输出设置举例，设置A相电压高报警输出，当A相电压大于400 V时实现区第一路开关量报警输出去，即第一路开关量导通。（假定仪表在编程前处于关闭报警输出状态）。

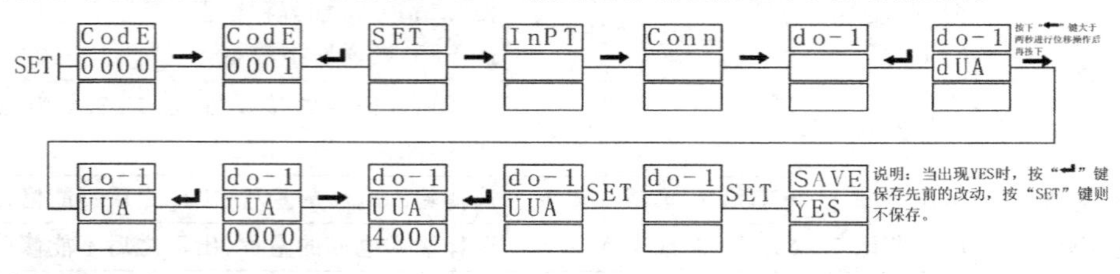

模拟量变送输出设置举例：设置A相电压0～400 V对应变送输出4～20 mA的电流信号。（假定仪表处于关闭变送状态，A相电压信号输入范围为400 V）。

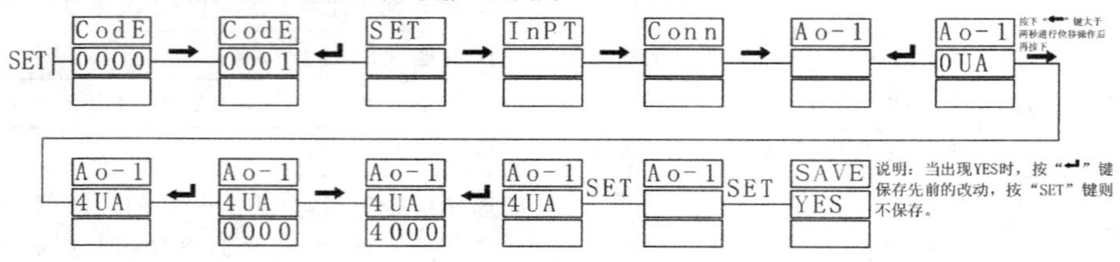

注意：变送项目的满刻度值要设置准确，否则变送会不准确。

图 3.3.48　三相多功能电力仪表设置步骤

显示界面菜单的组织结构如表 3.3.5 所示，用户可根据实际情况选择适当的设置参数。

4）三相多功能电力仪表安装与调试案例

运行管理装置内预留一台多功能电力仪表、三台电流互感器以及二次线。要求根据仪表说明书，现场设计二次接线图。图框已经给出，要求二次图在给定的图框内完成设计。

任务要求如下。

(1) 根据仪表和互感器说明书设计接线图(仪表要求三相三线制接线)。

(2) 根据设计图纸完成仪表的接线。

(3) 接线完成后需要通电测试，正确显示三相电压和三相电流。

参考步骤如下。

(1) 三相多功能电力仪表二次接线图的设计(为了不固化思维这里不留样图，可以参考仪表说明书画出对应的二次接线图)。

(2) 三相多功能电力仪表接线安装(参考三相多功能电力仪表二次接线图完成接线安装任务)，具体步骤如下：

第一步，按照以下方法完成设备的安装与接线。

完成停电倒闸操作后，将“在此工作”标识牌悬挂在运行管理装置门头上方位置。

使用柜门钥匙打开运行管理装置柜门。

用 1.0 mm^2 电线量取运行管理装置后面端子排中 2X13 到三相多功能电力仪表电源 L 的距离(注意需横平竖直地走线)，裁剪出两根同样长度的电线。

套上号码管压好端子，取 2X11、2X12、2X13 其中任意两相熔断器的出线端接在三相多功能电力仪表电源 L、N 上(熔断器端压 U 型 UT1.5-3 线鼻子；多功能仪表端压针型 E1008 线鼻子)，如图 3.3.49 所示。

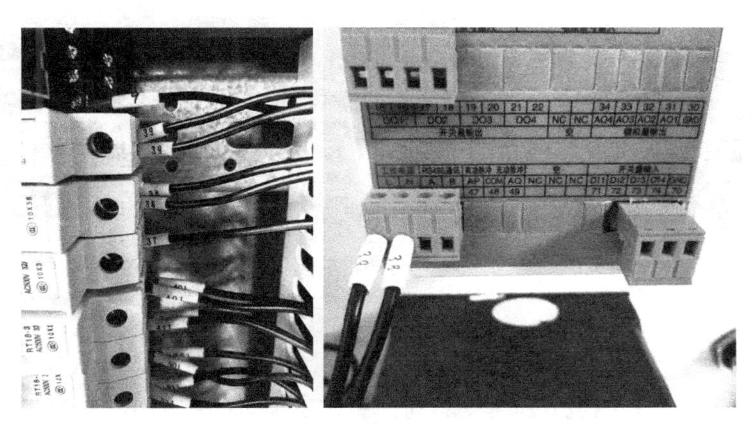

图 3.3.49　三相多功能电力仪表电源 L、N

使用十字螺丝刀将A相电流互感器与C相电流互感器接线柱上的保护盖打开，量取电流互感器S1到运行管理装置后面预留空出端子排的距离(注意需横平竖直地走线)，取其最长距离，截取4根电线。

套上号码管，压好端子，将A相电流互感器的S1、S2与C相电流互感器的S1、S2连接在运行管理装置后面预留的电流端子的端子排上。使用十字螺丝刀紧固好A相电流互感器与C相电流互感器接线柱上的保护盖(电流互感器端压U型UT1.5-5线鼻子；熔断器端压U型UT1.5-3线鼻子)，如图3.3.50所示。

图3.3.50 电流互感器二次侧接线

量取端子排(接A相或C相电流互感器S2)到地排的距离(注意需横平竖直地走线)，先套上号码管，然后压好端子，一端使用针型E1008线鼻子，另一端使用环形OT1.5-10线鼻子。将U型端子接在电流端子排出线侧，另一端环形接在地排上(地排上的螺栓用14的开口扳手与活动扳手配合使用)，如图3.3.51所示。

量取电流端子排出线端(接A相或C相电流互感器其中一个S2)到三相多功能电力仪表Ic或Ia的距离(注意需横平竖直地走线)，裁取两根电线，并裁取一根Ic到Ia的短接线(两端均采用针型E1008线鼻子压接)，如图3.3.52所示。

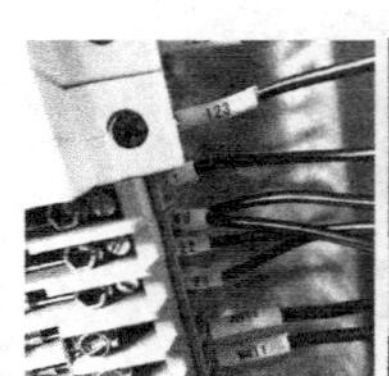

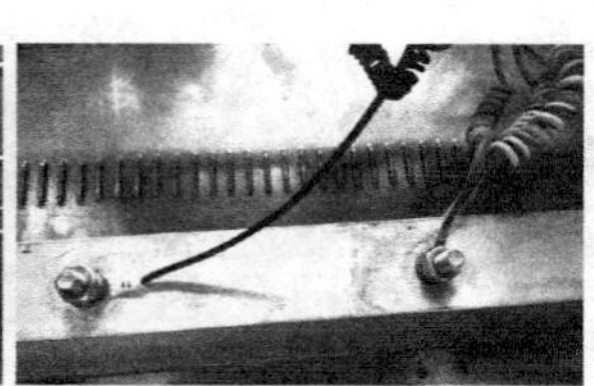
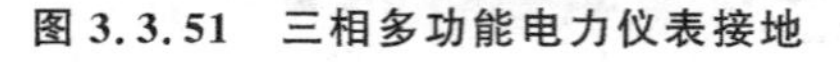

图3.3.51 三相多功能电力仪表接地

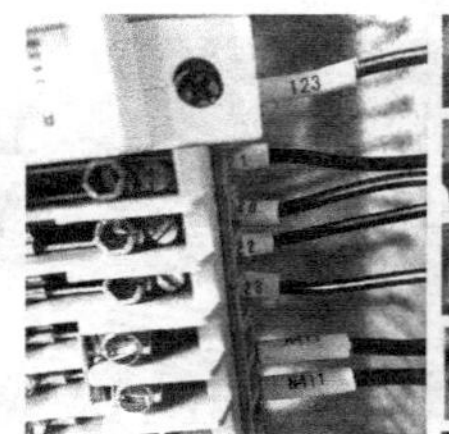

图3.3.52 三相多功能电力仪表电流端子接线

将电流端子排出线侧(A相电流互感器S2)到三相多功能电力仪表Ia端进行连接，将端子排(C相电流互感器S2)到三相多功能电力仪表Ic进行连接，将Ia与Ic使用短接线连接。

量取电流端子排出线侧(接A相或C相电流互感器S1)到三相多功能电力仪

表 Ic * 或 Ia * 的距离(注意需横平竖直地走线),裁取两根电线(两端均采用针型 E1008 线鼻子压接)。

将端子排(A 相电流互感器 S1)到三相多功能电力仪表 Ia * 端进行连接,将端子排(C 相电流互感器 S1)到三相多功能电力仪表 Ic * 进行连接。

从端子排 2X11、2X12、2X13 连接的熔断器的下端接三相多功能电力仪表的 Ua、Ub、Uc(多功能仪表端压针型 E1008 线鼻子;熔断器端压 U 型 UT1.5-3 线鼻子),如图 3.3.53 所示。

使用缠绕管缠绕刚接的线路,进行横平竖直地摆放后使用扎带进行绑扎固定,如图 3.3.54 所示。

图 3.3.53　三相多功能电力仪表电压端子接线

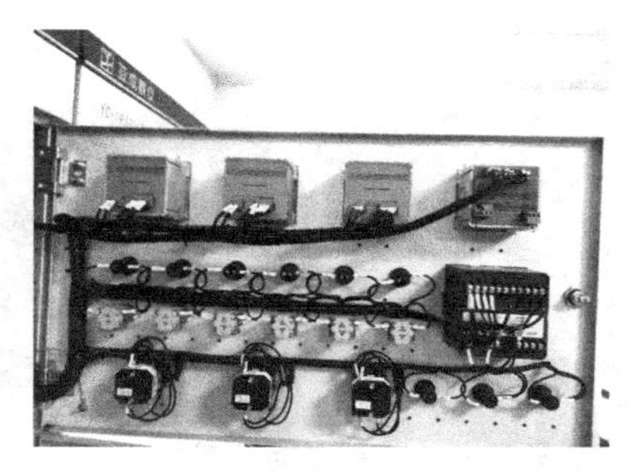

图 3.3.54　三相多功能电力仪表接线绑扎固定

检查无工具、散落的电线等放在运行管理装置后锁好柜门,取下“在此工作”标识牌,进行送电倒闸操作。

第二步,按照以下方法完成三相多功能表参数的设置。

三相多功能表参数设置初始界面如图 3.3.55 所示。

① 单击“SET”键后进入密码登录界面,如图 3.3.56 所示。

图 3.3.55　三相多功能表初始界面

图 3.3.56　三相多功能表密码登录界面

② 单击“→”键到密码输入 0001 为止,然后单击“↵”键,进入设置界面,如图 3.3.57 所示。

③ 在设置界面,单击“→”键,进入设置主界面,如图 3.3.58 所示。

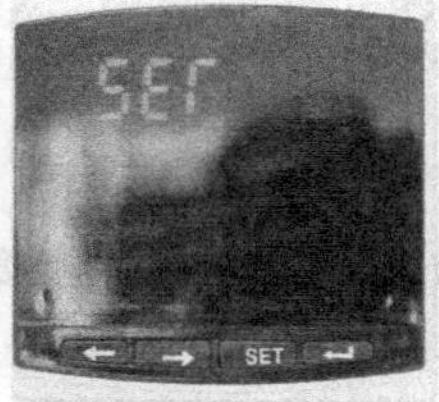

图 3.3.57 三相多功能表密码设置界面

图 3.3.58 三相多功能表设置主界面

④ 当画面出现“lnPT”时，单击“↵”键，进入设置，如图 3.3.59 所示。

⑤ 当画面出现“nET”时，再次单击“↵”键，进入相线选择界面，如图 3.3.60 所示。

图 3.3.59 三相多功能表相线输入界面

图 3.3.60 三相多功能表相线选择界面

⑥ 在相线接线方式选择界面选择与接线方式相匹配的三相四线制(如接线方式为三相三线制，则可以单击“→”键切换至三相三线制)，单击“↵”键进行确认更改，如图 3.3.61 所示。

⑦ 单击“→”键进入最大电压选择界面，如图 3.3.62 所示。

图 3.3.61 三相多功能表相线接线方式更改设置

图 3.3.62 三相多功能表相线最大电压选择界面

⑧ 单击“→”键进入最大电流选择界面，如图 3.3.63 所示。

⑨ 单击“→”键进入电压变比输入界面，如图 3.3.64 所示。

⑩ 单击“→”键进入电流变比输入界面，如图 3.3.65 所示。

⑪ 在电流变比输入界面单击“↵”键进行确定，如图 3.3.66 所示。

图 3.3.63　三相多功能表相线最大电流选择界面

图 3.3.64　三相多功能表相线电压变比输入界面

图 3.3.65　三相多功能表相线电流变比输入界面

图 3.3.66　三相多功能表相线电流变比输入确认界面

⑫ 在此界面单击“←”键进行移位操作，单击“→”键进行 0～9 数值的选择。因为低压配电装置电流互感器的变比为 200/5，所以这里选择变比为 40，完成之后单击“↵”键确认更改，如图 3.3.67 所示。

⑬ 单击“SET”键退出到输入参数设置界面，如图 3.3.68 所示。

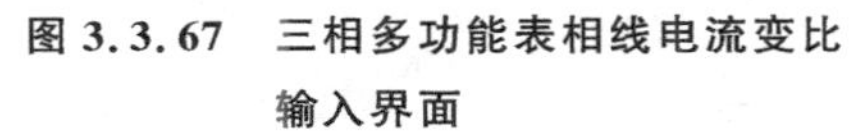

图 3.3.67　三相多功能表相线电流变比输入界面

图 3.3.68　三相多功能表相线退出参数设置

⑭ 单击“SET”键退出，如图 3.3.69 所示。

⑮ 保存刚才更改的数据，单击“↵”键进行确认保存，如图 3.3.70 所示。

单击无功功率自动补偿控制器上的菜单键，点到手动投切指示灯点亮为止，单击“▲”键投入一组电容查看三相多功能电力仪表中三相电流是否正常，三相电压是否正常。单击“▼”键切除刚投入的电容，进行接线结果验证，如图 3.3.71 所示。

图 3.3.69　三相多功能表相线退出

图 3.3.70　三相多功能表相线更改数据保存

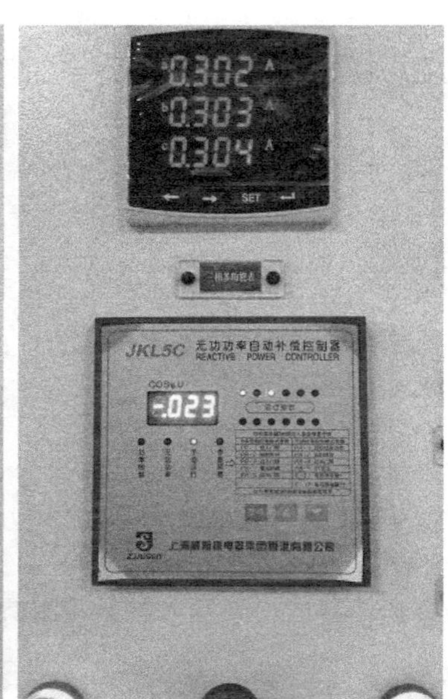

图 3.3.71　接线结果验证

第三步，按照以下方法完成单相多功能表参数的设置。

① 单相电流表设置的初始界面(这里以出线 1 为例)如图 3.3.72 所示。

② 长按"SET"键进入设置主界面，如图 3.3.73 所示。

图 3.3.72　单相电流表初始界面

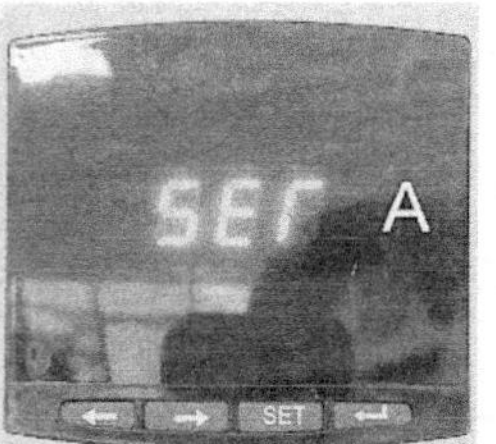

图 3.3.73　单相电流表进入设置主界面

③ 单击"→"键进入输入设置主界面，如图 3.3.74 所示。

图 3.3.74　单相电流表进入输入设置主界面

④ 进入输入设置主菜单后单击"SET"键进行确认，进入电压变比输入界面，如图 3.3.75 所示。

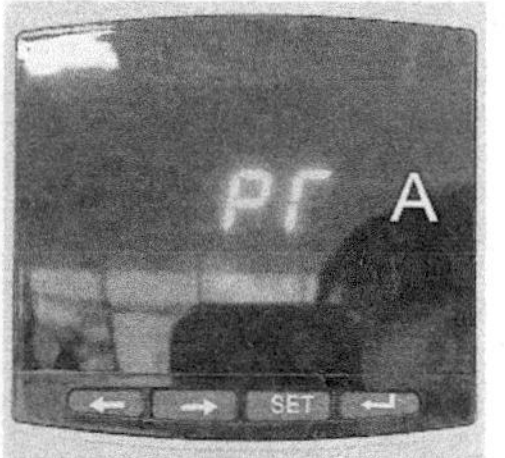

图 3.3.75　单相电流表进入电压变比输入界面

⑤ 在电压变比输入界面单击"→"键进入电流变比输入界面，如图 3.3.76 所示。

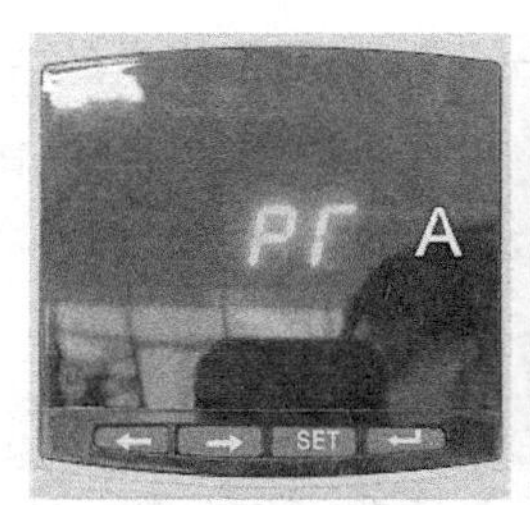

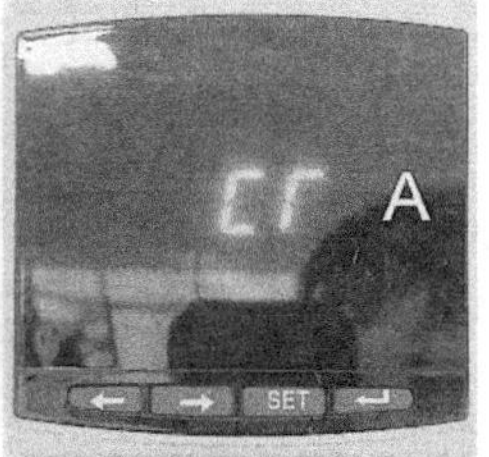

图 3.3.76　单相电流表进入电流变比输入界面

⑥ 在电流变比输入界面单击"SET"键进行确认，进入电流变比设置界面，如图 3.3.77 所示。

图 3.3.77　单相电流表进入电流变比设置界面

⑦ 在电流变比设置页面单击“←”键、“→”键，将变比设置为10(因为此处变流互感器变比为50/5)，电流变比设置好后单击“↵”键进行保存更改并返回，如图3.3.78所示。

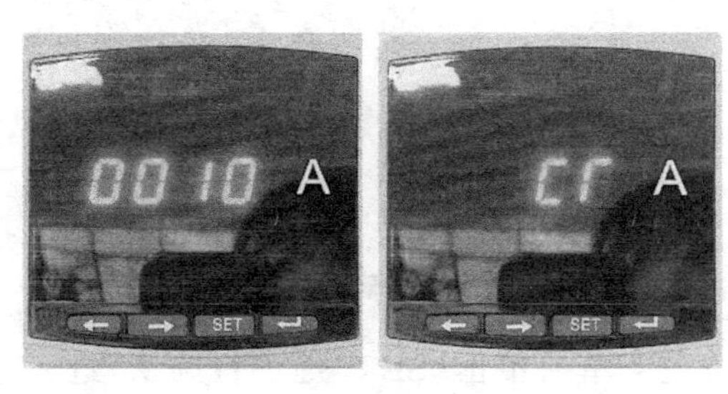

图 3.3.78 单相电流表保存更改并返回

⑧ 返回到电流变比输入页面，单击“↵”键返回到上一级界面，如图3.3.79所示。

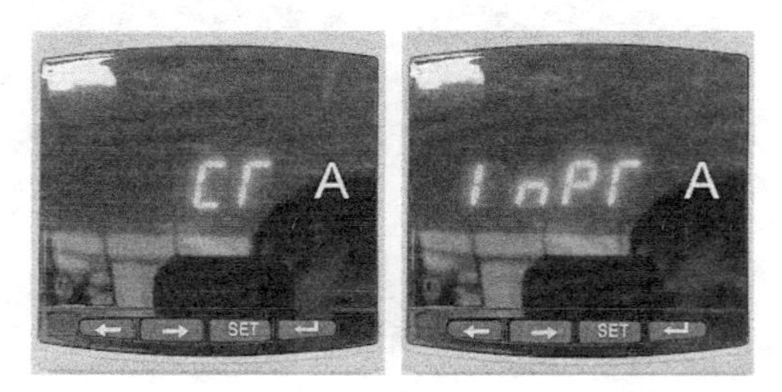

图 3.3.79 单相电流表返回上一级界面

⑨ 返回至输入设置主菜单后单击“→”键转至通信设置主界面，如图3.3.80所示。

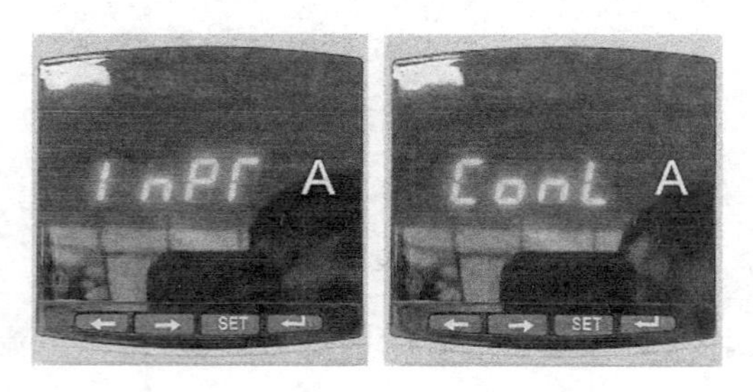

图 3.3.80 单相电流表进入通信设置主界面

⑩ 进入通信设置主菜单后单击“SET”键进行确认，进入通信设置界面，如图3.3.81所示。

⑪ 单击“SET”键进入通信地址设置界面，如图3.3.82所示。

⑫ 在通信地址设置界面单击“←”键、“→”键，将通信地址设置为4(因为信息化组网要求设置为4)，通信地址设置好后单击“↵”键进行保存更改并返回，如图3.3.83所示。

图 3.3.81　单相电流表进入通信设置界面

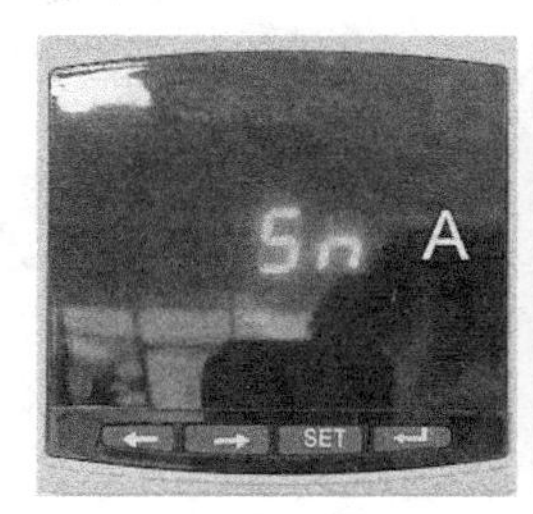

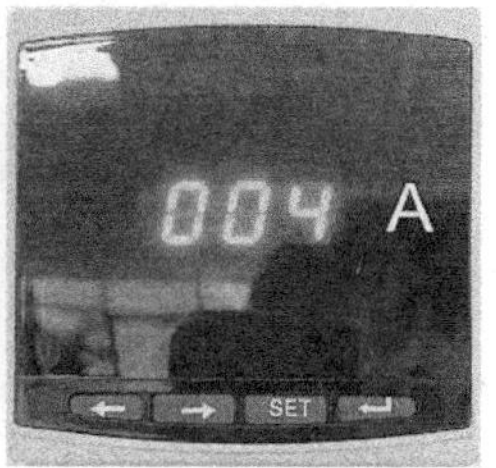

图 3.3.82　单相电流表通信地址设置界面

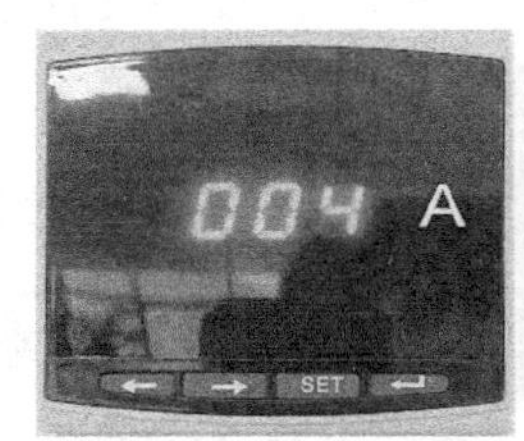

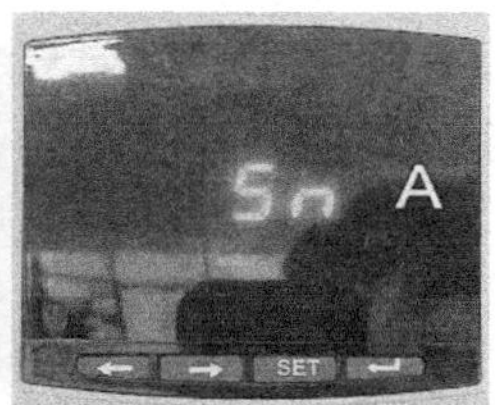

图 3.3.83　单相电流表通信地址保存更改并返回

⑬ 返回至通信地址设置页面后，单击“→”键进入波特率设置界面，如图 3.3.84 所示。

图 3.3.84　单相电流表进入波特率设置界面

⑭ 单击“SET”键进行波特率设置，如图 3.3.85 所示。

⑮ 在波特率设置界面单击“←”键、“→”键选择 9 600 的波特率，波特率设置好后单击“↵”键进行保存更改并退出，如图 3.3.86 所示。

图 3.3.85 单相电流表波特率设置界面

图 3.3.86 单相电流表波特率设置保存更改并退出

⑯ 返回至波特率设置主界面后单击“→”键进入校验设置主界面，如图 3.3.87 所示。

图 3.3.87 单相电流表进入校验设置主界面

⑰ 在校验设置主界面单击“SET”键进行确认，进入校验设置界面，在校验设置界面单击“←”键、“→”键选择 n.8.1(无校验.八个数据位.一个停止位)，如图 3.3.88 所示。

图 3.3.88 单相电流表校验设置界面

⑱ 校验设置好后单击“↲”键进行保存更改并退出，如图 3.3.89 所示。

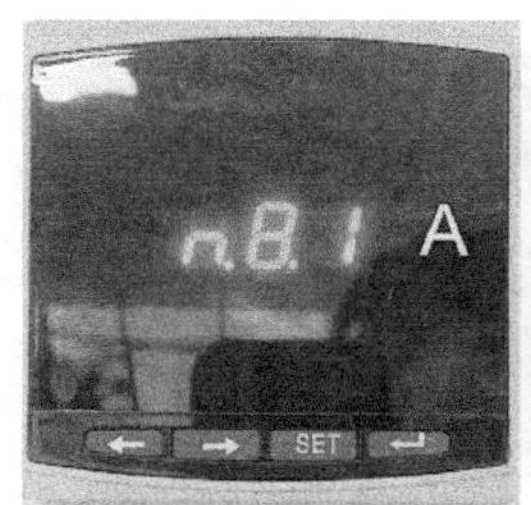

图 3.3.89　单相电流表校验设置保存更改并退出校验设置

⑲ 单击“↲”键进行退出，如图 3.3.90 所示。

图 3.3.90　单相电流表校验设置退出

⑳ 单击“↲”键进行退出，如图 3.3.91 所示。

图 3.3.91　单相电流表退出

㉑ 退出至主页面，此时设置完成。

3.3.3　实训思考与练习

(1) 练习断路器的装调。

(2) 练习三相多功能电力仪表参数设置。

任务四 钳形电流表的规范使用

3.4.1 实训目的

(1) 熟悉钳型电流表的功能。

(2) 掌握钳型电流表的使用。

3.4.2 实训内容及指导

钳形电流表又称卡表,常用的有交流钳形电流表和交直流钳形电流表两种,如图 3.4.1 所示。

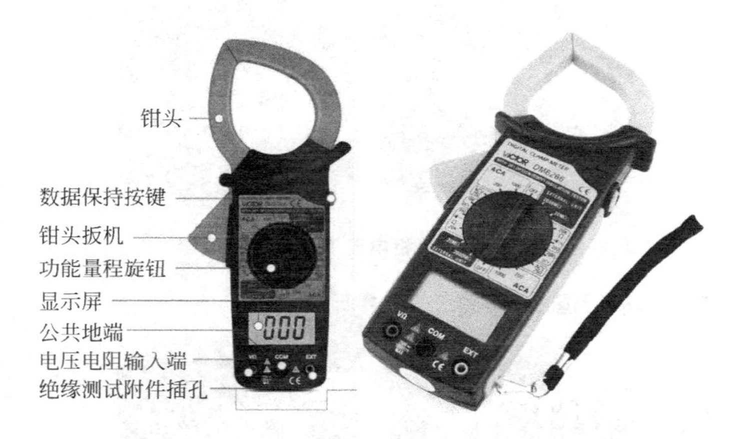

图 3.4.1 交流钳形电流表和交直流钳形电流表

使用时,注意仪表的电压等级与所测线路或设备的电压等级相符合,设置量程挡应该大于或等于被测电流值,测量前应先估算被测电流或电压的大小,或是先用较大量程,然后再视被测值的大小变换量程。注意,切换量程时必须将钳口打开,无电时进行,不允许带电切换量程。测量时将被测导线放在钳口中央,钳口应该紧闭。使用时,注意与带电体保持足够距离,同时要有人监护。绝不允许用钳形表测量裸露的导线,也不允许套在三相刀开关或熔断器内测量使用。

3.4.3 实训思考与练习

(1) 用钳形表测量单相电流。

(2) 用钳形表测量交流电压。

任务五　万用表的规范使用

3.5.1　实训目的

(1) 熟悉万用表的功能。

(2) 掌握万用表的使用。

3.5.2　实训内容及指导

万用表又称多用表,如图 3.5.1 所示,一般的万用表可以用来测量直流电流、交流电流、直流电压、交流电压、电阻、通断等。万用表有数字式和机械式(或称指针式)两种。

图 3.5.1　万用表

使用万用表时,应注意以下几点。

(1) 量程转换开关必须正确选择被测量电量的挡位,不能放错,禁止带电转换量程开关,切忌用电流挡或电阻挡测量电压。

(2) 在测量电流或电压时,如果对于被测量电流、电压的大小心中无数,则应先选最大量程,然后再切换到合适的量程上测量。

(3) 测量直流电压或直流电流时,必须注意极性。

(4) 测量电流时,应特别注意必须将电路断开,并将万用表串接于电路之中。

(5) 测量电阻时,不可带电测量,必须将被测电阻与电路断开,使用欧姆挡。

(6) 为了保证测量精度,用万用表测量电流或电压时,最好使指针指示在量程的 1/2 或 2/3 以上。

(7) 每次使用完毕,应将转换开关拨到 OFF 挡或交流电压最高挡,以免造成仪表损坏，长期不用时，应将万用表中的电池取出。

3.5.3 实训思考与练习

(1) 用万用表测量交流电压。

(2) 用万用表测量线路组值。

项目三 彩图

项目四

低压配电装置的规范操作及故障排查

任务一　操作票和工作票的办理

4.1.1　实训目的

（1）熟悉停送电制度。

（2）掌握工作票和操作票的办理。

4.1.2　实训内容及指导

停送电操作须由熟悉现场设备、熟悉运行方式和有关规章制度，并经考试合格的人员担任，有权担任停送电操作和有权担任监护的人员，须经电气负责人批准，操作人和监护人应根据接线图核对所填写的操作项目，并分别签名，然后经负责人审核签名，即“三审”制，可以不使用操作票的工作范围不得任意扩大。

停送电操作必须由两人执行，其中一人担任操作，有监护权的人员担任监护，在进行操作的全过程中不准做与操作无关的事，应填入操作票的项目有：应拉合的设备，验电，装拆接地线，安装或拆除控制回路或电压互感器回路的熔断器，切换保护回路和自动化装置，检验是否确无电压；拉合设备后检查设备的实际位置；进行停送电时，在拉、合刀闸前，检查开关确保其在分闸位置；在进行倒负荷或解、并列前后，检查相关电源运行及负荷分配情况；设备检修后、合闸送电前，检查送电范围内接地刀闸已拉开，接地线已拆除。

停送电操作必须填写停送电操作票，操作票必须票面整洁，任务明确，书写工整，并使用统一的调度术语。

假设：甲扮演的角色为操作工，乙扮演的角色为监护人，丙扮演的角色为签发人。

停送电工作票与操作票填写内容请参考表 4.1.1 和表 4.1.2。

使用时，应注意以下几点。

(1) 时间应填写实时时间，不能还没开始就已经把时间写上了。

(2) 扮演角色的姓名不能张冠李戴。

(3) 操作之前先填写操作开始时间。

(4) 注意监护人唱读操作票时不能进行跳行，必须按顺序严格进行。

(5) 操作工完成该项操作后监护人才能在后面打“√”。

(6) 所有操作完成后记得签字和填写终了时间。

表 4.1.1 检修工作票

<table>
<tr><td>停电设备名称</td><td>低压配电装置</td><td>工作票签发人</td><td>丙</td></tr>
<tr><td>申请停电事由</td><td colspan="3">低压进线开关故障</td></tr>
<tr><td colspan="4">申请停电设备(线路)：高压配电装置、变压器箱、低压配电装置</td></tr>
<tr><td colspan="4">上述设备(线路)已于 20 年 月 日 时 分停电，已采取必要的安全措施，可以开始检修作业。 工作负责人：乙</td></tr>
<tr><td colspan="4">全部停电设备(线路)上的检修作业已于 20 年 月 日 时 分结束，设备具备运转条件；具备送电条件。工作负责人：乙</td></tr>
<tr><td colspan="4">上述设备(线路)已于 20 年 月 日 时 分送电，已采取必要的安全措施，可以试车运转。 工作负责人：乙</td></tr>
</table>

表 4.1.2 倒闸操作票

No：

<table>
<tr><td colspan="3">操作任务：</td></tr>
<tr><td colspan="2">操作开始时间：</td><td>操作终了时间：</td></tr>
<tr><td>顺序</td><td>操 作 项 目</td><td>操作后打“√”</td></tr>
<tr><td>1</td><td></td><td></td></tr>
<tr><td>2</td><td></td><td></td></tr>
<tr><td>3</td><td></td><td></td></tr>
<tr><td>4</td><td></td><td></td></tr>
<tr><td>5</td><td></td><td></td></tr>
<tr><td>6</td><td></td><td></td></tr>
<tr><td>7</td><td></td><td></td></tr>
<tr><td colspan="3">备注：</td></tr>
</table>

操作人：甲 监护人：乙

4.1.3　实训思考与练习

(1) 填写低压配电装置检修工作票。

(2) 熟悉停送电操作票填写注意事项。

任务二　低压配电装置停送电操作

4.2.1　实训目的

(1) 熟悉低压停送电操作。

(2) 掌握低压停送电操作步骤。

4.2.2　实训内容及指导

(1) 0.4 kV 低压配电装置停电操作(表 4.1.3)

表 4.1.3　倒闸操作票

No：2021108001

操作任务：0.4 kV 低压配电装置由运行转检修		
操作开始时间：2021 年 11 月 8 日 10 时 15 分	操作结束时间：2021 年 11 月 8 日 10 时 25 分	
顺序	操 作 项 目	操作后打“√”
1	断开 0.4 kV 低压配电装置 401 开关	√
2	检查 0.4 kV 低压配电装置 401 开关的分位指示灯正确	√
3	检查 0.4 kV 低压配电装置 401 开关的分位机械位置指示正确	√
4	断开 10 kV 龙首线 905 开关	√
5	检查 10 kV 龙首线 905 开关的分位监控信号指示正确	√
6	检查 10 kV 龙首线 905 开关的分闸指示灯指示正确	√
7	检查 10 kV 龙首线 905 开关的分位机械位置指示正确	√
8	将 10 kV 龙首线 905 开关的远方/就地控制转换开关转到“就地”位置	√
9	断开 10 kV 龙首线 905 开关的控制电源	√
10	合上 10 kV 龙首线 90567 接地开关	√
11	检查 10 kV 龙首线 90567 接地开关确保其在合闸位置	
备注：		

操作人：甲　　　　　　　　　　　　　　监护人：乙

(2) 0.4 kV 低压配电装置送电操作(表 4.1.4)

表 4.1.4 倒闸操作票

No：2021108001

操作任务：0.4 kV 低压配电装置由检修转运行		
操作开始时间：2021 年 11 月 8 日 10 时 15 分	操作结束时间：2021 年 11 月 8 日 10 时 25 分	
顺序	操 作 项 目	操作后打“√”
1	拉开 10 kV 龙首线 90567 接地开关	√
2	检查 10 kV 龙首线 90567 接地开关，确保其在分闸位置	√
3	合上 10 kV 龙首线 905 开关的控制电源	√
4	将 10 kV 龙首线 905 开关的远方/就地控制转换开关转到“远方”位置	√
5	合上 10 kV 龙首线 905 开关	√
6	检查 10 kV 龙首线 905 开关的合位监控信号指示正确	√
7	检查 10 kV 龙首线 905 开关的合闸指示灯指示正确	√
8	检查 10 kV 龙首线 905 开关的合位机械位置指示正确	√
9	合上 0.4 kV 低压配电装置 401 开关	√
10	检查 0.4 kV 低压配电装置 401 开关的合位指示灯正确	√
11	检查 0.4 kV 低压配电装置 401 开关的合位机械位置指示正确	√
备注：		

操作人：甲　　　　　　　　　　　　监护人：乙

4.2.3 实训思考与练习

(1) 练习低压配电装置送电操作。

(2) 练习低压配电装置停电操作。

任务三 低压配电装置的故障设置和排查

4.3.1 实训目的

(1) 掌握故障排查的方法。

(2) 熟悉故障维修的方法。

(3) 熟悉故障设置的方法及恢复的方法。

4.3.2　实训内容及指导

1. 故障设置

(1) 进入 YC-PMCS02 电力监控系统。

(2) 在低压配电装置故障设置界面(图 4.3.1)上单击“故障设定 1”后面的绿色按钮,绿色按钮变红完成故障设定。

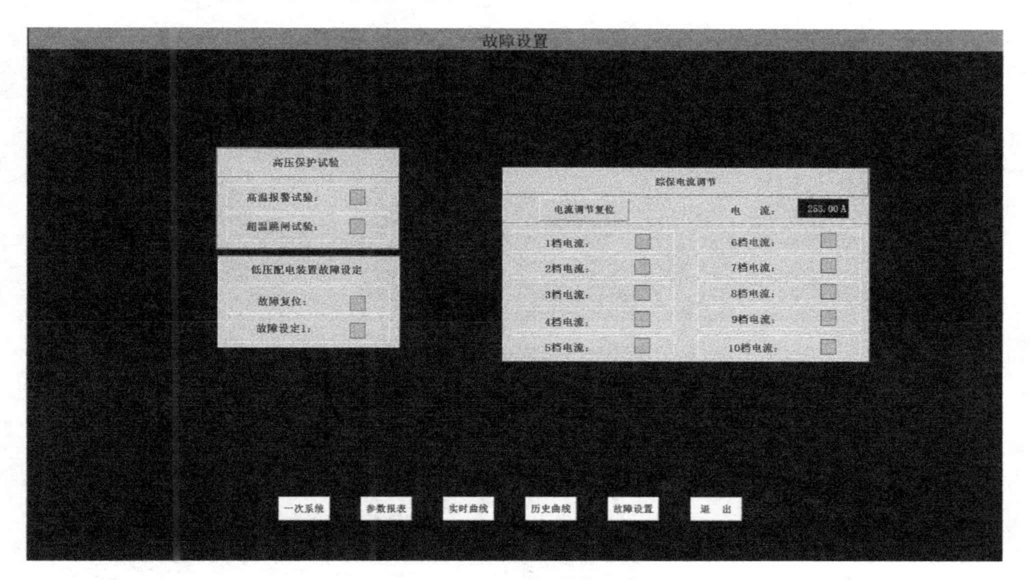

图 4.3.1　故障设置界面

(3) 故障设置完成后单击“退出”按钮,显示退出系统界面,选择用户“学生”,输入密码,单击“退出”按钮,如图 4.3.2 所示。

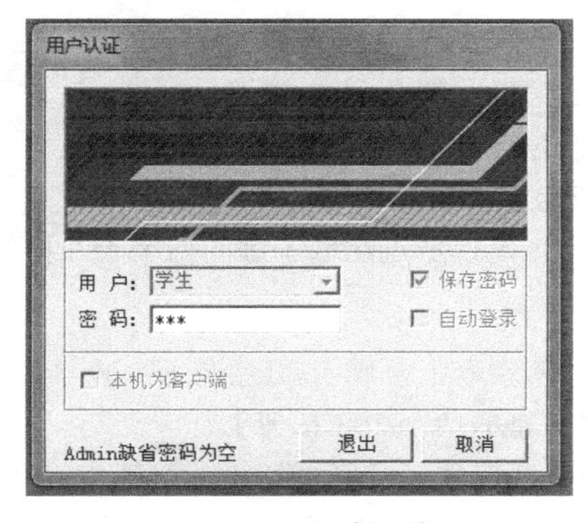

图 4.3.2　退出系统

2. 故障分析

(1) 将低压配电装置上的就地远方转化开关转至就地。

(2) 在分闸状态下，按下合闸按钮后发现合闸正常。

(3) 在合闸状态下，按下分闸按钮后发现分闸异常。

(4) 分析结果为低压断路器分闸故障，如图 4.3.3 所示。

图 4.3.3 故障分析示意图

3. 故障排查

(1) 查看万能式断路器原理图，发现分闸控制线与万能断路器 29 号端子有关。

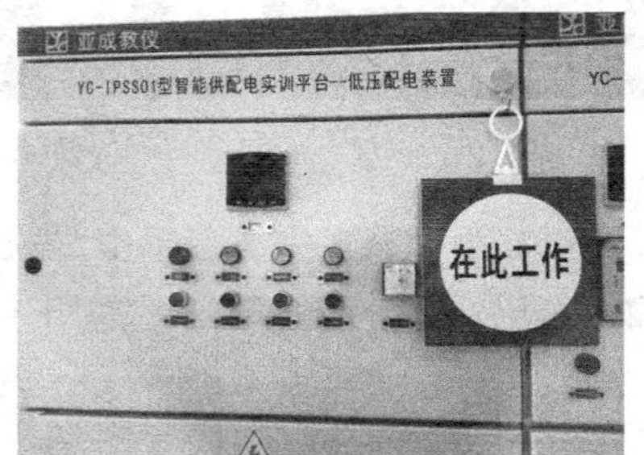

图 4.3.4 悬挂标识牌

(2) 完成低压停电操作后，在低压配电装置上悬挂“在此工作”标识牌，如图 4.3.4 所示。

(3) 打开低压配电装置柜门，取出万用表转至蜂鸣挡，黑红表笔短接，听到蜂鸣声后确认万用表正常。

(4) 红表笔接到低压断路器分闸接线端 29 号端子(103)，黑表笔接到分闸按钮 103 上，无蜂鸣声，初步判断为 103 线路故障。

(5) 沿 103 线路查找，发现断点在端子排的两个 103 按钮上。

4. 故障维修

(1) 剪下一段导线，两端套上号码管，压上管型线鼻子。

(2) 将其短接在端子排的两个 103 按钮上。

(3) 使用万用表测量断路器到分闸按钮 103 之间为通路。维修初步完成。

(4) 关闭低压配电装置柜门，取下“有人工作”标识牌。

(5) 完成低压送电操作。

5. 功能验证

（1）在低压配电装置上，按下分闸按钮，确保断路器在分闸位置，分闸指示灯点亮（分闸正常），如图 4.3.5 所示。

（2）在低压配电装置上，按下合闸按钮，确保断路器在合闸位置，合闸指示灯点亮（合闸正常），如图 4.3.6 所示。

图 4.3.5　断路器分闸指示灯示意图

图 4.3.6　断路器合闸指示灯示意图

6. 填写低压装置故障记录表

填写方法如表 4.3.1。

表 4.3.1　低压配电装置故障记录表

故障现象描述：断路器不能分闸
故障排查过程：按照万能式断路器的接线原理图，使用万用表等工具，找到故障点为 103 线路断路，通过短接断路处，使断路器能够正常分合闸

7. 故障恢复

1）软件的恢复

（1）进入 YC-PMCS02 电力监控系统。

（2）在低压配电装置故障设置界面上单击“故障复位”后面红色按钮，故障设定和故障复位后面的按钮颜色变为绿色，完成故障复位，如图 4.3.7 所示。

（3）退出 YC-PMCS02 电力监控系统。

2）硬件的复位

（1）完成低压停电操作后，在低压配电装置上悬挂“在此工作”标识牌。

（2）打开低压配电装置柜门，取下故障维修使用的短接线，紧固好螺丝。

（3）关闭低压配电装置柜门，取下“在此工作”标识牌。

（4）完成低压送电操作。

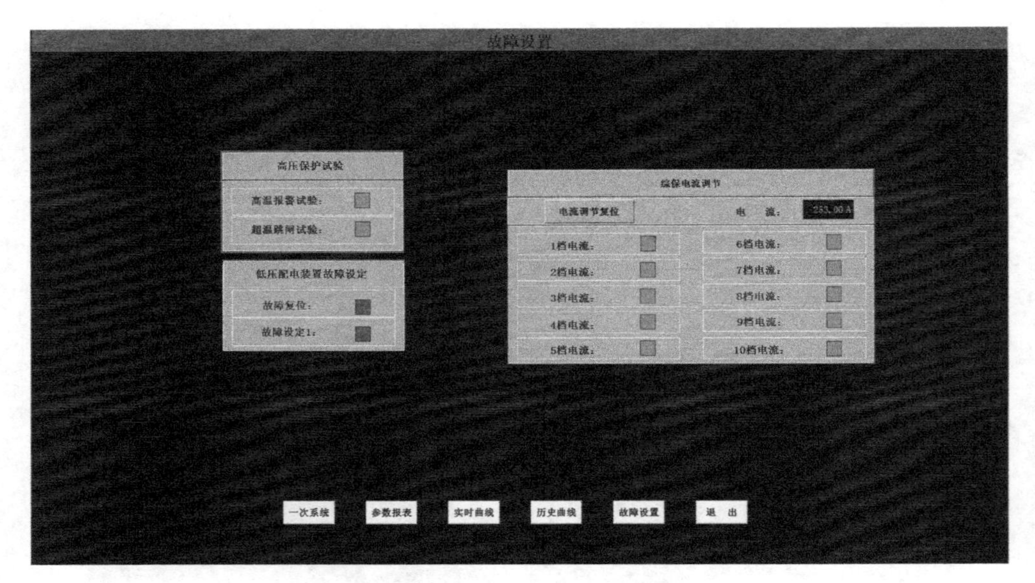

图 4.3.7 故障设置界面

4.3.3 实训思考与练习

项目四 彩图

(1) 总结故障设置步骤。

(2) 总结故障复位步骤。

项目五

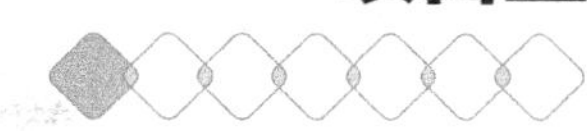

能量管理系统的通信组网和操作

任务一　能量管理系统信息化网络的组建

5.1.1　实训目的

(1) 熟悉 YC-IPSS01 信息化组网方式。

(2) 熟悉 YC-IPSS01 信息化组网网线连接。

5.1.2　实训内容及指导

信息化是指培养、发展以计算机为主的智能化工具为代表的新生产力，并使之造福于社会的历史过程。信息化是以现代通信、网络、数据库技术为基础，将所研究对象各要素汇总至数据库，将生活、工作、学习、辅助决策等和人类息息相关的各种行为相结合的一种技术，使用该技术后，可以极大地提高各种行为的效率，为推动人类社会进步提供极大的技术支持。

YC-IPSS01 型智能供配电实训平台的 PLC 采用 RS485，以太网 RJ45 通信，如图 5.1.1 所示。

PLC 上端使用以太网 RJ45 通信连接腾达路由器，如图 5.1.2 所示。

腾达路由器分出一根网线到一体机，如图 5.1.3 所示。

完成下位机与上位机的通信。

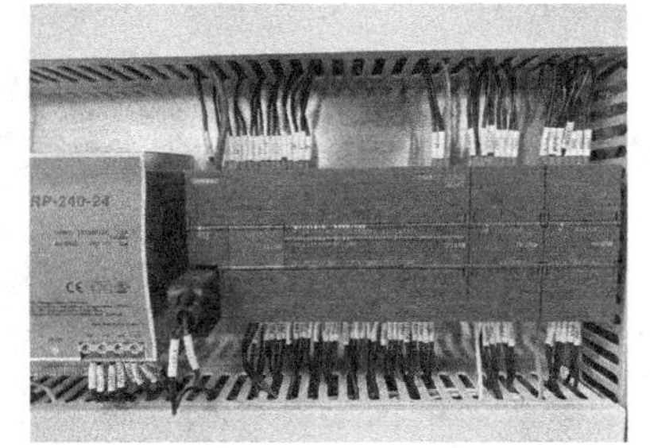

图 5.1.1　PLC 采用 RS485，以太网 RJ45 通信

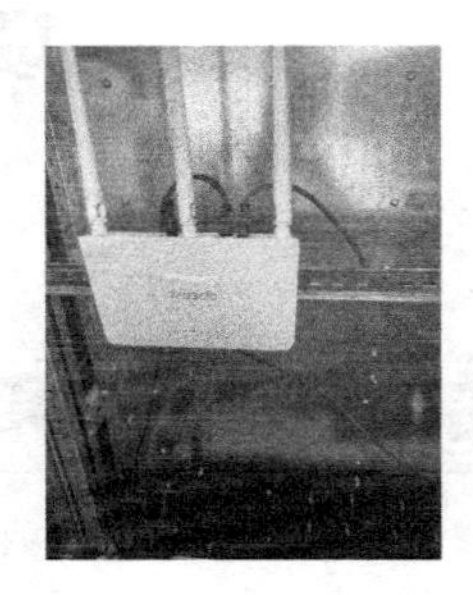

图 5.1.2 路由器

图 5.1.3 一体机网线插口

5.1.3 实训思考与练习

(1) 下位机与上位机的通信方式。

(2) 通信网线的连接。

任务二 负荷调节操作

5.2.1 实训目的

(1) 掌握区域负荷投切管理的方法。

(2) 掌握各个支路负荷及总负荷的设置方法。

(3) 掌握一级、二级、三级负荷投切优先级的管理办法。

5.2.2 实训内容及指导

负荷管理面向用户,借助于各种经济、技术手段,在保证电力网络可靠性的同时,改变系统负荷曲线形状以达到不同负荷管理目标,从而为电力系统安全、经济运行服务。

运行管理装置内有三路出线,第一路出线为一级负荷,第二路出线为二级负荷,第三路出线为三级负荷。一级负荷有三个用户,二级负荷有三个用户,三级负荷有四个用户。每级负荷下的用户加载和减载由能量管理系统控制。

登录 YC-EMS02 能量管理系统,进入能量管理界面,合理设定总负荷数及三条支路负荷。若设定负荷数小于当前系统投入运行实际的负荷数,系统会自行按照三级负荷的优先级切除负荷,保证系统的正常运行,如图 5.2.1 所示。

(1) 单击 4QF 合闸按钮、5QF 合闸按钮、6QF 合闸按钮,将各条支路的开关合上。

(2) 单击 4-1 负载、4-2 负载、4-3 负载、5-1 负载、5-2 负载、5-3、6-1 负载、6-2 负载、6-3 负载、6-4 负载合闸按钮,完成对应负荷的加载。

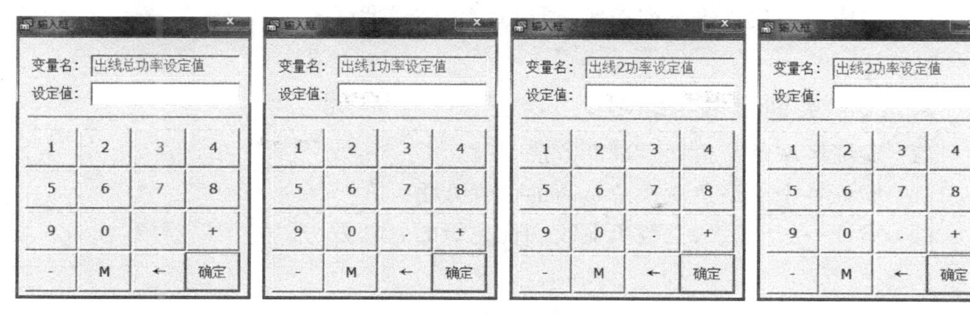

图 5.2.1 设定总负荷数及三条支路负荷数

(3) 记录总负荷与每级负荷的设定值、实测值以及各个用户的运行情况。记录到表 5.2.1 和表 5.2.2 中,负荷管理系统界面如图 5.2.2 所示。

表 5.2.1 负荷实测值和设定值统计表 kW

	一级负荷	二级负荷	三级负荷	总负荷
实测数值				
设定数值				

表 5.2.2 各用户设备运行状态记录表 kW

用户	4-1用户	4-2用户	4-3用户	5-1用户	5-2用户	5-3用户	6-1用户	6-2用户	6-3用户	6-4用户
运行情况										

注释：正在运行打“√”；退出运行打“×”

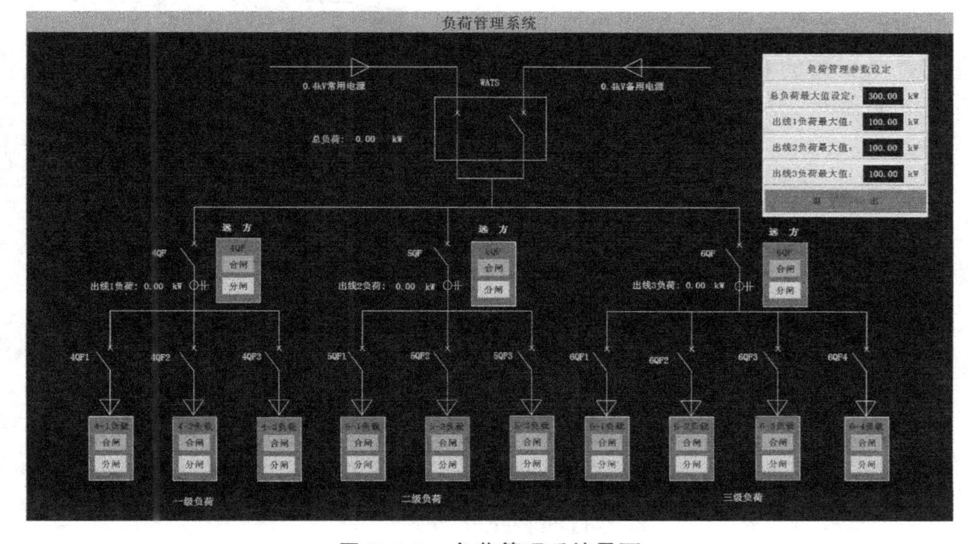

图 5.2.2 负荷管理系统界面

（4）完成任务后单击分闸按钮，退出负荷，完成此任务。

5.2.3　实训思考与练习

（1）验证区域负荷投切管理的方法。

（2）验证各个支路负荷及总负荷的设置方法。

（3）验证一级、二级、三级负荷投切优先级的管理方法。

任务三　无功补偿装置的调试

5.3.1　实训目的

（1）无功补偿控制器的认识。

（2）无功补偿电容器组的认识。

（3）掌握运行管理装置手动无功补偿电容的操作过程。

（4）掌握运行管理装置自动无功补偿电容的操作过程。

5.3.2　实训内容及指导

1. 无功补偿控制器认识

1）基本介绍

JKL5C 系列无功功率自动补偿装置控制器如图 5.3.1 所示，其适用于低压配电系统电容器补偿装置的自动调节（以下简称控制器），可使功率因数达到用户预定状态，提高电力变压器的利用效率，减少线损，改善供电的电能质量，从而提高了经济效益与社会效益。

图 5.3.1　JKL5C 无功功率自动补偿装置控制器

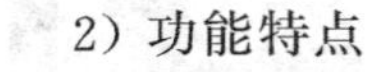

2）功能特点

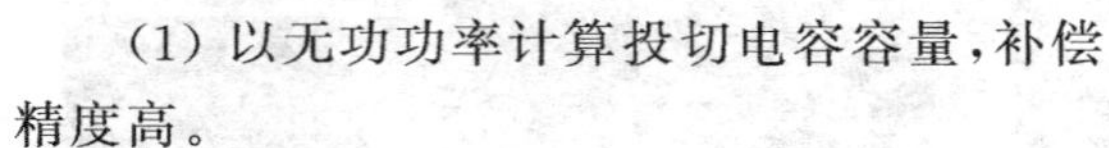

（1）以无功功率计算投切电容容量，补偿精度高。

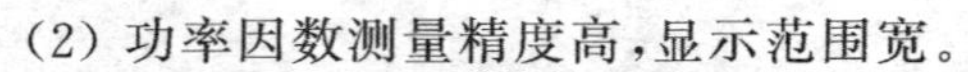

（2）功率因数测量精度高，显示范围宽。

（3）初始相位预置（软件调节同名端或电流信号极性）。

（4）具有功率因数与无功功率两种控制模式。

（5）人机界面友好，操作方便。

（6）各种控制参数全数字可调，直观，使用方便。

（7）具有自动运行与手动运行两种工作方式。

（8）具有过电压和欠电压保护功能。

(9) 具有掉电保护功能,数据不丢失。

(10) 电流信号输入阻抗低,≤0.0192。

3) 技术数据

额定工作电压	AC220 V或380 V	50 Hz
额定工作电流	AC0～5 A	50 Hz
输出触点容量	AC220 V 7 A	50 Hz
显示功率因数	滞后0.001～超前0.001	
测量无功功率	0～9 999 kvar	
欠压保护值	300 V	
控制方式	自动寻优/循环投切	
灵敏度	60 mA	
防护等级	外壳IP40	

4) 工作模式

任何时刻控制器只能工作在1种工作模式下。

功率因数控制模式的特点:本控制器在出厂前已将工作模式调整在功率因数控制模式下,所有参数已按最合理的方式预置,用户只要接线正确就能正常工作,无须任何操作。

无功功率控制模式的特点:能准确地控制电容器组的投切,无投切振荡,适合所有工作环境,特别是负载轻电容容量大的场合。

5) 功率因数控制模式与无功功率控制模式的选择

控制器工作模式的选择是利用PR-4参数的取值不同来区别的。如用户将此参数调节在1～12内,则表示控制器工作在功率因数模式下,数据的大小表示控制器输出回路的多少;如用户将参数调节在50～5 000内,则表示控制器工作在无功功率控制模式下,数据的大小表示用户系统总电流互感器变比。

注:在无功功率控制模式下用户在没有使用控制器之前必须给控制器输入实际电流互感器变比及所有电容器容量等参数。

6) 不同模式下菜单的显示内容(表5.3.1)

表5.3.1　不同模式下菜单的显示内容

工作模式	功率因数	无功功率	手动运行
无功功率控制模式	自动显示功率因数	自动显示无功功率	显示功率因数
功率因数控制模式	自动显示功率因数	显示"AUto"	显示功率因数

7) 调试

用户在调试过程中务必遵循以下的调试步骤。

(1) 按照接线图的要求组装好补偿装置,并对其进行一次详细的检查,排除那些会带来严重安全隐患的错误。

(2) 补偿装置合闸,控制器进入自动运行状态。

(3) 输入现场信号电流互感器的变比(详见菜单操作)。

(4) 输入每支路电容器组容量(详见菜单操作)。

(5) 操作菜单键使手动运行指示灯亮,手动运行作为补偿装置调试的一种手段,可以用来检查其接线正确与否,操作递增键投入电容组,操作递减键切除电容器组。

注意:对应电容器值为零的输出端子不能进行投切动作。以上操作可以没有电流信号。

为了使控制器能自动投切电容器组,除了用户必须将菜单置于"功率因数"或"无功功率"菜单下外,还必须有滞后于电压信号的电流信号,并且系统电压既不高于过压保护值,也不低于欠压保护值。

8) 按键功能(表 5.3.2)

表 5.3.2 按键功能

名称	符号	内容
菜单键	菜单	主菜单,子菜单选择。注:按住菜单键 3 s 方可进入参数预置菜单
递增键	▲	预置参数时增加数据,手动运行时投入电容器组
递减键	▼	预置参数时减少数据,手动运行时切除电容器组。 在"功率因数"菜单下:功率因数控制模式显示二次电流 mA; 无功功率控制模式显示一次电流 A。 在"无功功率"菜单下:显示电压信号值 V

9) 菜单操作(表 5.3.3 和表 5.3.4)

表 5.3.3 在功率因数控制模式下的参数调节步骤

被预置参数的选择	参数代码	代码含义	参数范围	参考参数
按住"菜单"键 3 s 使"参数预置"指示灯亮	PR-1	投入门限	滞后 0.70~超前 0.07	滞后 0.95
再按"菜单"键	PR-2	延时预置	1~250 s	30 s
再按"菜单"键	PR-3	过压预置	230~260 V(或 380~500 V)	240 V(430 V)
再按"菜单"键	PR-4	回路预置	1~12 路	4~12 路,与型号有关
再按"菜单"键	PR-5	切除门限	电感 0.70~电容 0.70	1.0
同时按"▲""▼"键 3 s	PR-6	信号初始相位	0°或 180°	0°
再按"菜单"键 3 s	存储被预置的参数,进入自动运行状态			

表 5.3.4　在无功功率控制模式下的参数调节步骤

被预置参数的选择	参数代码	代码含义	参数范围	参考参数
按住“菜单”键 3 s 使“参数预置”指示灯亮	PR-1	目标功率因数	滞后 0.70～超前 0.70	滞后 0.98
再按“菜单”键	PR-2	延时预置	1～250 s	30 s
再按“菜单”键	PR-3	过压预置	230～260 V(或 380～500 V)	240 V(430 V)
再按“菜单”键	PR-4	CT 变比预置	50～5000	实际配置
再按“菜单”键	C-01	第 1 回路电容器容量	0～150.0 kvar	实际配置
再按“菜单”键	C-02	第 2 回路电容器容量	0～150.0 kvar	实际配置
……	……	……	……	实际配置
再按“菜单”键	C-12	第 12 回路电容器容量	0～150.0 kvar	实际配置
同时按“▲”“▼”键 3 s	PR-6	信号初始相位	0°或 180°	0°
再按“菜单”键 3 s	存储被预置的参数,进入自动运行状态			

10）显示说明

过压状态：如当前菜单指示灯频闪,则表示控制器工作在过压切除状态,显示值为系统电压值。

功率因数值：显示 0.985 表示当前功率因数为滞后 0.985,显示－0.985 表示当前功率因数为超前 0.985。

欠流状态：显示 C—0 表示欠电流,信号电流小于 60 mA。

2. 无功补偿电容器组基本介绍

两个相互靠近的导体,中间夹一层不导电的绝缘介质,就构成了电容器。当电容器的两个极板之间加上电压时,电容器就会储存电荷。电容器的电容量在数值上等于一个导电极板上的电荷量与两个极板之间的电压之比。电容器的电容量的基本单位是 F(法拉)。在电路图中通常用字母 C 表示电容元件。

电容器组由三个单个的电容器组成,如图 5.3.2 所示的电容器组中,C_1、C_3 为 BZMJ0.45-12-1,额定容量为 12 kvar,C_2 为 BZMJ0.45-15-1,额定容量为 15 kvar。本装置是根据系统电压和无功缺额等因素,通过综合测算,由无功功率自动补偿装置自动投切电容器组,以提高电压质量、改善功率因数及减少线损,以达到提高系统功率因数的作用,保证系统运行的稳定性与可靠性。

1）电容器主要参数

(1) 标称电容量,为标志在电容器上的电容量。但电容器实际电容量与标称电容量是有偏差的,精度等级与允许误差有对应关系。一般电容器常用Ⅰ、Ⅱ、Ⅲ

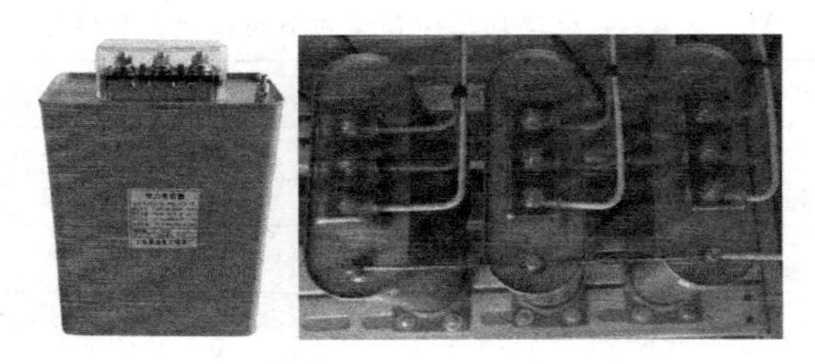

图 5.3.2　BZMJ0.45-12/15-1×3 电容器组

级，电解电容器常用Ⅳ、Ⅴ、Ⅵ级表示容量精度，根据用途选取。电解电容器的容值，取决于在交流电压下工作时所呈现的阻抗，随着工作频率、温度、电压以及测量方法的变化，容值会随之变化。在实际应用中，电容器的电容量往往比 1 F 小得多，常用较小的单位，如 mF(毫法)、μF(微法)、nF(纳法)、pF(皮法)等，它们的关系是：1 F=1 000 mF，1 mF=1 000 μF，1 μF=1 000 nF，1 nF=1 000 pF，即 1 F=1 000 000 μF，1 μF=1 000 000 pF。

(2) 额定电压。为在最低环境温度和额定环境温度下可连续加在电容器的最高直流电压。如果工作电压超过电容器的耐压，电容器将被击穿，造成损坏。在实际中，随着温度的升高，耐压值将会变低。

(3) 绝缘电阻。直流电压加在电容上，产生漏电电流，两者之比称为绝缘电阻。当电容较小时，其值主要取决于电容的表面状态；电容大于 0.1 μF 时，其值主要取决于介质。通常情况，绝缘电阻越大越好。

(4) 损耗。电容在电场作用下，在单位时间内因发热所消耗的能量称做损耗。损耗与频率范围、介质、电导、电容金属部分的电阻等有关。

(5) 频率特性。随着频率的上升，一般电容器的电容量呈现下降的规律。当电容工作在谐振频率以下时，表现为容性；当超过其谐振频率时，表现为感性，此时就不是一个电容而是一个电感了。所以一定要避免电容工作于谐振频率以上。

2) 电容器的运行维护

(1) 为了延长电容器的寿命，电容器应在额定电流下运行，最高不应超过额定电流的 1.3 倍。

(2) 电容器应在额定电压下运行，一般不超过额定值的 1.05 倍，但也允许在额定电压的 1.1 倍下运行 4 h。如电容器使用电压超过母线额定电压 1.1 倍，应将电容器停用。

(3) 电容器周围空气温度为 40℃时，电容器外壳温度不得超过 55℃(每台电容器应贴示温片)。

(4) 三相指示灯(即放电电压互感器二次信号灯)应亮。如信号灯不亮，应查明原因，必要时应向调度汇报，停用电容器，并对电压互感器进行检查。电容器停用后，应进行人工多次放电，才可验电后装设接地线。

(5) 正常运行情况下,电容器断路器的投切操作,由变(配)电所内自行掌握(按现场规定)。当配电所电容器组的母线全停电时,应先拉开电容器组分断路器,后拉开该母线上各出线断路器;当该母线送电时,则应先合上各出线断路器,后合上电容器组分断路器,且值班员可按电压曲线及异常情况(如超限运行时)拉、合电容器分路断路器,并及时汇报调度。

(6) 电容器总断路器若带电容器组拉开后,一般应间隔 15 min 后才允许再次合闸,分断路器拉开后则应间隔 5 min 后才能再次合闸。

(7) 电容器停用后应经充分放电后才能验电,并装设接地线。其放电时间不得少于 5 min,若有单台熔丝熔断的电容器,应进行个别放电。

(8) 当系统发生单相接地时,不准带电检查该系统上的电容器组。

(9) 电容器在运行时,三相不平衡电流不宜超过额定电流的 5%。

(10) 运行中的电容器如发现熔丝熔断,应查明原因,经鉴定试验合格(如介质损耗、测绝缘电阻、测电容量或者热稳定试验),更换熔丝后,才能继续送电。

3) 电容器的巡视检查

(1) 检查电容器应在额定电压和额定电流下运行,三相电流表指示值应平衡。

(2) 检查电容器套管及本体无渗漏油现象,内部应无异声。

(3) 套管及支持绝缘子应无裂纹及放电痕迹。

(4) 各连接头及母线应无松动和过热变色现象;示温片应无熔化脱落;电容器室内应通风良好,环境温度不超过 40℃。

(5) 电容器外壳应无变形及膨胀现象。

(6) 单台保护熔丝应为完好,无熔断现象。

(7) 放电电压互感器及其三相指示灯应亮。

(8) 电容器的保护装置应全部投入运行。

(9) 电容器外壳接地应完好。

(10) 检查电容器的断路器、互感器、电抗器等应无异常。

3. 无功补偿控制器操作步骤

无功功率补偿,简称无功补偿,即在供配电系统中起提高电网的功率因数的作用,可以降低供电变压器及输送线路的损耗,提高供电效率,改善供电环境。合理地选择补偿装置,可以最大限度地减少电网的损耗,使电网质量提高。若选择或使用不当,可能造成供电系统的电压波动、谐波增大等许多不良因素。

系统内设置了三路补偿电容,参考补偿装置的说明书,通过无功补偿控制器面板手动操作按钮,即可随机投切三路电容的任意一路,进而提高系统功率因数。

在智能电力监控装置登录 YC-EMS02 能量管理系统,进入无功调节界面,无功补偿控制器自动检测供电系统的无功功率,通过计算机远程投切感性负载,根据设定值改变功率因数大小。

根据无功补偿控制器说明书设置无功补偿的基本参数,见表 5.3.5。

表 5.3.5　无功补偿控制器基本参数设置表

平台	预设数值	平台	预设数值
目标功率因数	0.9	回路预值	3
延时预值	3	切除门限	1.00
过压预值	260		

(1) 手动无功补偿电容操作

装置内已安装三路补偿电容,通过无功补偿控制器手动操作按键,间接控制电容器投切,达到提高供电系统功率因数的目的。根据要求完成记录。

登录 YC-EMS02 能量管理系统,进入无功调节界面,投入 3 个感性负载,如图 5.3.3 所示。按下无功补偿控制器的“菜单”键,将其置于手动运行模式下。

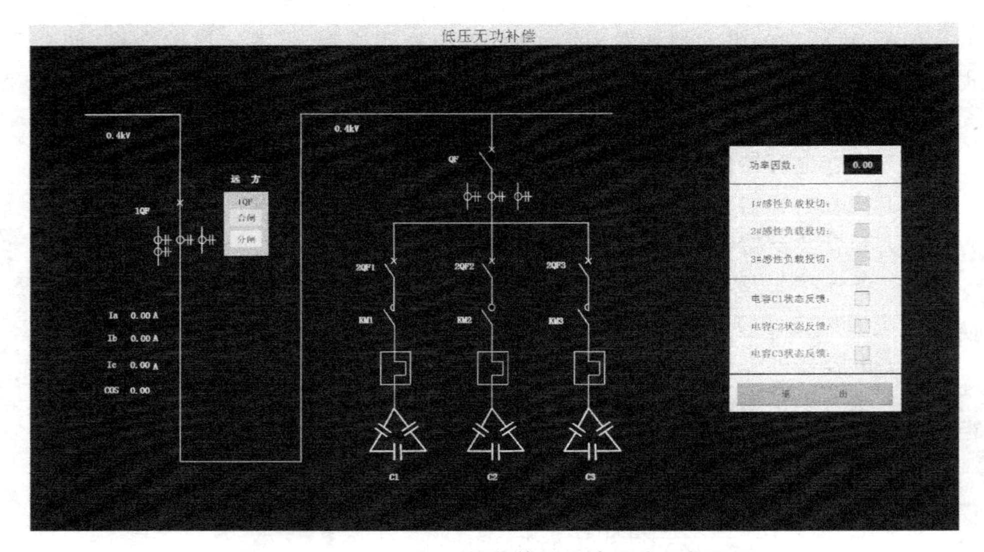

图 5.3.3　YC-EMS02 能量管理系统无功调节界面

在无功补偿控制器上按下“▲”键,系统投入一个电容,这时无功补偿控制器会显示当前的功率因数值,如图 5.3.4 所示。将此值记录在表格对应的位置。

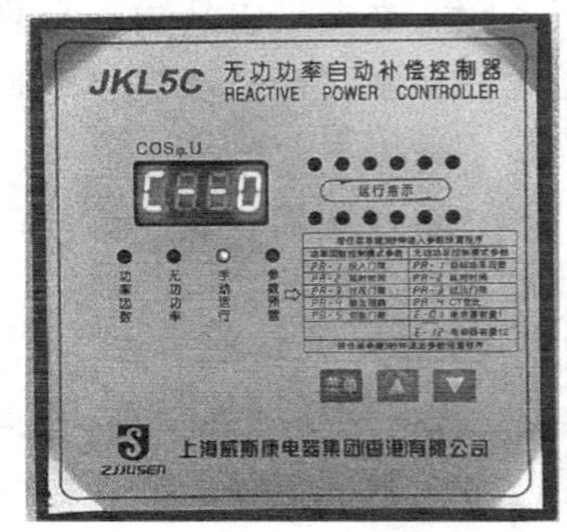

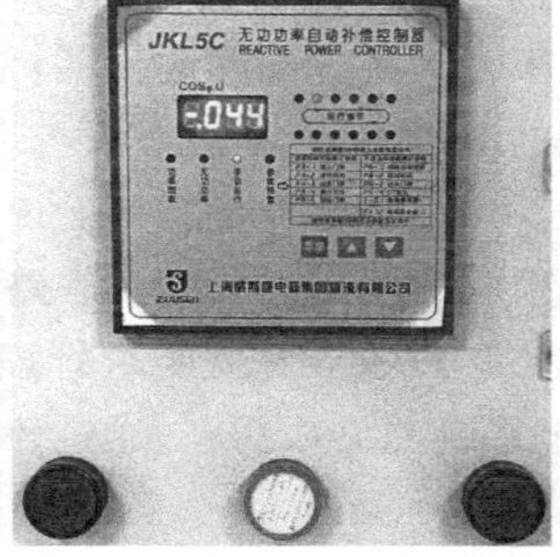

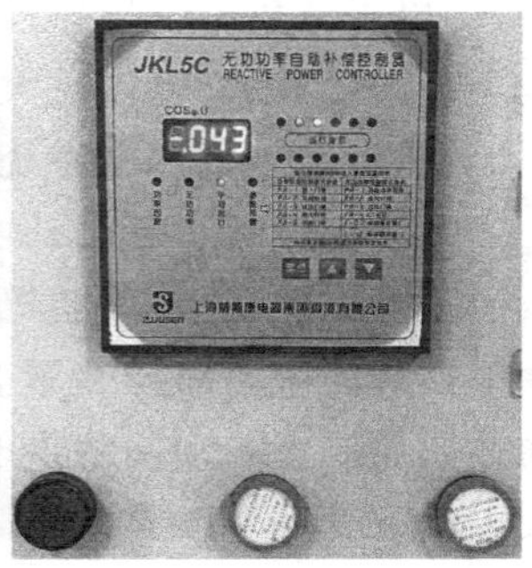

图 5.3.4　电容补偿实时状态

按照此方法相继投入 2 个、3 个电容，这时无功补偿控制器会显示当前的功率因数值。将此值记录在表 5.3.6 对应的位置。

表 5.3.6　手动补偿电容操作统计

序号	投入的感性负载与电容	无功自动补偿装置功率因数值
1	1#感性负载	
2	1#感性负载、1#容性负载	
3	1#、2#感性负载 1#容性负载	
4	1#、2#感性负载 1#、2#容性负载	
5	1#、2#、3#感性负载 1#、2#容性负载	
6	1#、2#、3#感性负载 1#、2#、3#容性负载	

记录完毕，在无功补偿控制器上按下"▼"键，相继退出电容，完成此任务。登录 YC-EMS02 能量管理系统，进入无功调节界面，切除 3 个感性负载。

(2) 自动补偿电容操作

无功补偿控制器自动检测供电系统的无功功率，根据设定的功率因数值自动投切电容，达到提高系统功率因数的目的。

按照表 5.3.5 设置无功补偿控制器的控制参数.

(3) 投入系统感性负载

长按无功补偿控制器的"菜单"键，将其置于无功功率运行模式下。登录 YC-EMS02 能量管理系统，进入无功调节界面，通过计算机远程投切 3 个感性负载。无功补偿控制器会根据设置的参数自动投切合适的电容。

(4) 将结果统计到相应的表格(表 5.3.7)，完成此任务。

表 5.3.7　自动补偿电容操作统计表

序号	投入感性负载	电容投入状态 投入(√)切除(×)
1	1#感性负载	1#容性负载(　) 2#容性负载(　) 3#容性负载(　)
2	1#、2#感性负载	1#容性负载(　) 2#容性负载(　) 3#容性负载(　)
3	1#、2#、3#感性负载	1#容性负载(　) 2#容性负载(　) 3#容性负载(　)

5.3.3 实训思考与练习

(1) 总结无功补偿控制器的基本性能。

(2) 总结无功补偿电容器组的基本性能。

(3) 熟练掌握运行管理装置的手动无功补偿电容的操作过程。

(4) 熟练掌握运行管理装置的自动无功补偿电容的操作过程。

(5) 无功功率自动补偿装置控制器的特点有哪些?

(6) 掌握无功功率自动补偿装置控制器的设置方法。

任务四 双电源自动转换调试

5.4.1 实训目的

(1) 了解双电源自动转换开关。

(2) 掌握双电源自动转换的操作方法。

5.4.2 实训内容及指导

1. 双电源自动转换开关结构

双电源自动转换开关(如图 5.4.1 所示)是指:一种由微处理器控制,用于电网系统中网电与网电、网电与发电机电源启动切换的装置,可保证连续供电。双电源自动转换是当常用电源突然故障或停电时,通过双电源转换开关,自动投入到备用电源上(小负荷下备用电源也可由发电机供电),使设备仍能正常运行。最常见的是电梯、消防、监控和照明等。

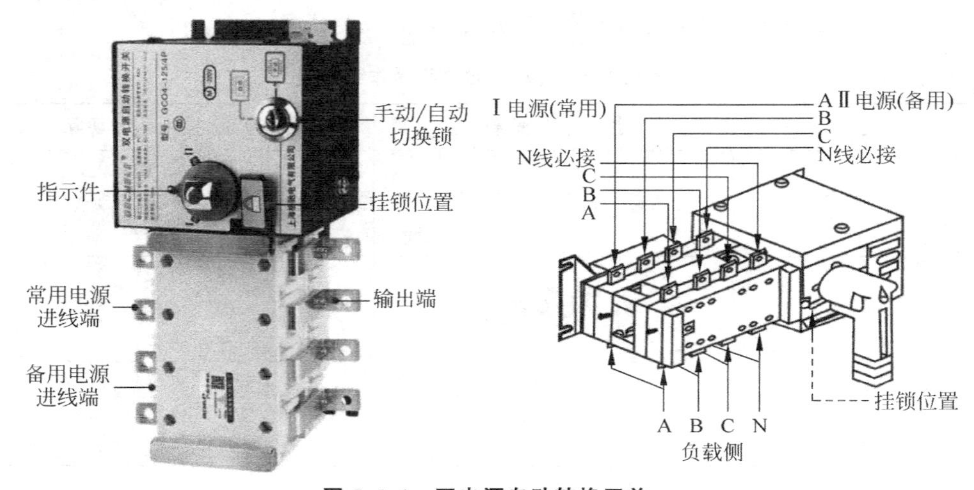

图 5.4.1 双电源自动转换开关

2. 双电源自动转换开关的功能特点

双电源自动转换开关的两台断路器之间具有可靠的机械联锁装置和电气联锁保护,彻底杜绝了两台断路器同时合闸的可能性,采用双列复合式触头、横接式机构、微电机预储能及微电子控制技术,基本实现零飞弧(无灭弧罩),具有明显通断位置指示、挂锁功能,可靠实现电源与负载间的隔离,使用寿命 8 000 次以上,机电一体设计,开关转换准确、灵活、可靠,电磁兼容好,抗干扰能力强,对外无干扰,自动化程序高。

双电源自动转换开关具有短路、过载保护功能,过压、欠压、缺相自动转换功能与智能报警功能,自动转换参数可在外部自由设定,有操作电机智能保护功能,当控制中心给出一个控制信号进入智能控制器,两台断路器都进入分闸状态,留有计算机联网接口,以实现遥控、遥调、遥信、遥测等"四遥"功能。双电源自动转换装置外接端子接线方式如图 5.4.2 所示。

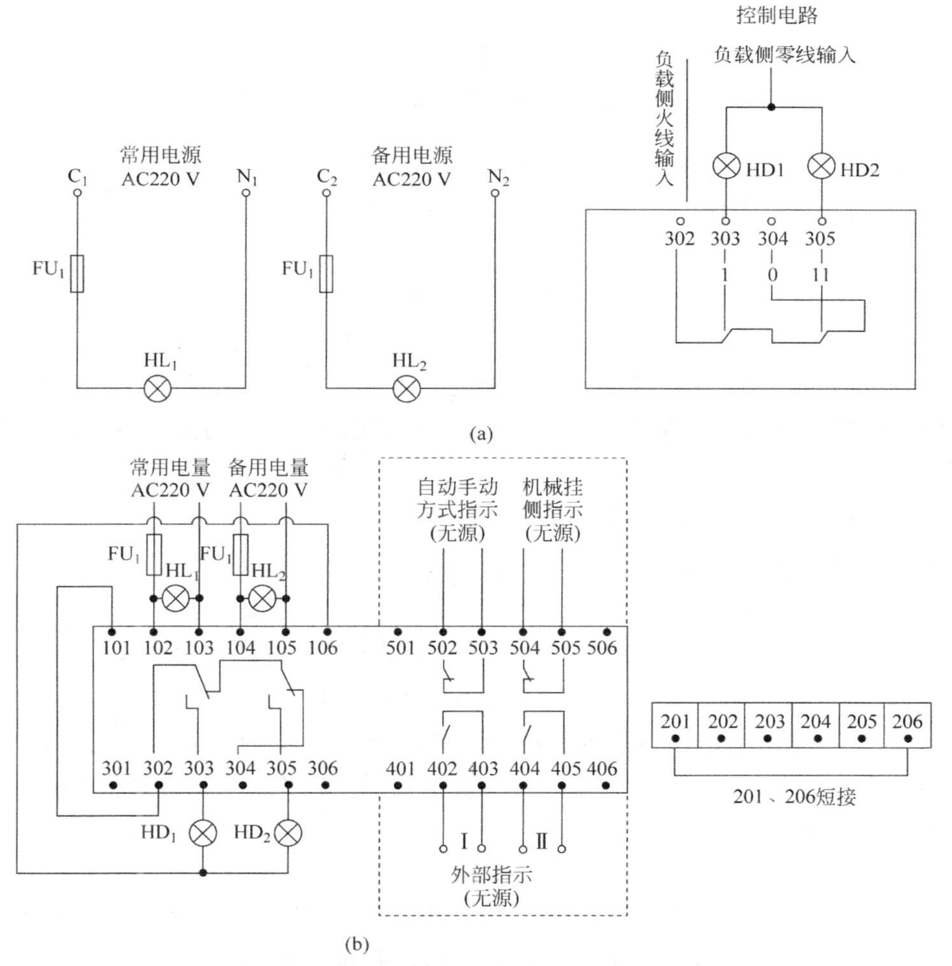

图 5.4.2　双电源自动转换装置外接端子接线方式图

(a) 100 典型接线方式;(b) 160～3 200 全自动接线方式;
(c) 100～3 200 全自动+加装置"0"(双路电源均断开)接线方式

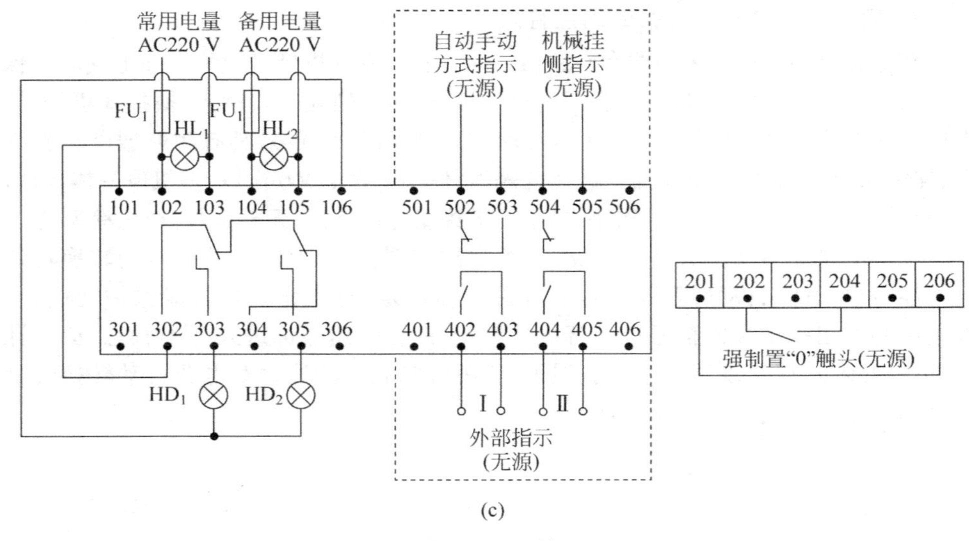

(c)

图 5.4.2 (续)

3. 双电源自动转换开关正常工作条件

(1) 周围空气温度：周围空气温度上限为+40℃，下限为−5℃，24 h 的平均值不超过+35℃。

(2) 海拔：安装地点的海拔不超过 2 000 m。

(3) 大气条件：大气相对湿度在周围空气温度为+40℃时不超过 50%；在较低温度下可以有较高的相对湿度；最湿月的月平均最大相对湿度为 90%，同时该月的月平均最低温度为+25℃，并应考虑因温度变化发生在产品表面上的凝露。

(4) 污染等级：污染等级为 3 级。

4. 双电源自动转换开关的分类

1) 按结构原理分类

双电源自动转换开关按照按结构原理可分为静态转换开关(static transfer switch，STS)和自动转换开关(automatic transfer switch，ATS)。

STS 为电源二选一自动切换系统，第一路出现故障后 STS 自动切换到第二路给负载供电(前提是第二路电正常且和第一路电基本同步)，第二路故障的话 STS 自动切换到第一路给负载供电(前提是第一路电正常且和第二路电基本同步)，适用于 UPS-UPS、UPS-发电机、UPS-市电、市电等任意两路电源的不断电转换，以上所有电源间都需要同步装置，保证两电源基本同步，否则 STS 无法切换。STS 主要由智能控制板、高速可控硅、断路器构成，其标准切换时间≤8 ms，不会造成 IT 类负载断电，既对负载可靠供电，同时又能保证 STS 在不同相切换时的安全性。

ATS也称ATSE(automatic transfer switching equipment),主要用于紧急供电系统,将负载电路从一个电源自动换接至另一个(备用)电源的开关电器,以确保重要负荷连续、可靠运行。ATS为机械结构,转换时间在100 ms以上,会造成负载断电。适合照明、电机类负载。

2) 按控制特性分类

双电源自动转换开关按控制特性可分为PC级双电源开关(整体式)和CB级双电源开关(双断路器式)。

PC级双电源自动转换开关能够接通、承载、但不用于分断短路电流的双电源,双电源若选择不具有过电流脱扣器的负荷开关作为执行器,则属于PC级自动转换开关,不具备保护功能,但其具备较高的耐受和接通能力,能够确保开关自身的安全,不因过载或短路等故障而损坏,在此情况下保证可靠的接通回路。

CB级双电源自动转换开关配备过电流脱扣器的双电源,它的主触头能够接通并用于分断短路电流,双电源若选择仅具有短路电流脱扣器的断路器作为执行器,则属于CB级自动转换开关,具备选择性的保护功能,能对下端的负荷和电缆提供短路保护,其接通和分断能力远大于使用接触器和继电器等其他元器件。

5. 双电源自动转换开关的选择

双电源自动转换开关在切换备用电源时有一定延时,这个延时主要作用在由主电源向备用电源的转换上。而有些用电设备对双电源自动转换开关的转换时间是有严格要求的,因此双电源自动转换开关在选型时,一定要看好用电设备的转换时间。下面就介绍一些用电设备对双电源自动转换开关的转换时间的要求。

(1) 双电源自动转换开关具有自投自复功能时,当主电源恢复正常供电后,双电源自动转换开关应经延时后,切换回主电源。

(2) 双电源自动转换开关一般不允许带大电动机或高感抗负载转换,这类负载在运行中切换,两路电源相位差较大时,电机将受到巨大的机械应力。同时,由电动机产生的反电势引起的过流会造成熔断器熔断或断路器脱扣。因此,当双电源自动转换开关带大电动机或高感抗负载转换时,两组动触头在转换前应增加一个延时时间,即应选用延时转换型双电源自动转换开关,延时时间视负载情况确定。

(3) 当采用发电机组作为应急照明电源时,发电机的启动和电源转换的全部时间不应大于15 s。双电源自动转换开关应选用“市电-发电机转换”专用型。

(4) 当变电室低压配电系统为单母线分段运行,并设母联开关时,双电源自动转换开关总动作时间应与变电室母联开关设定的动作时间整定值配合,应大于联络开关动作时间 0.5～1 s。变电室母联开关的动作时间大多为 2.5 s，双电源自动转换开关总动作时间宜在 3 s 以上。

6. 双电源自动转换开关操作规程

(1) 当因故停电，且在较短时间内无法恢复供电时，必须启用备用电源。

切除市电供电各断路器(包括配电室控制柜各断路器、双电源切换箱市电供电断电器)，拉开双投防倒送开关至自备电源一侧，保持双电源切换箱内自备电供电断路器处于断开状态。

启动备用电源(柴油发电机组)，待机组运转正常时，顺序闭合发电机空气开关、自备电源控制柜内各断路器。

逐个闭合电源切换箱内各备用电源断路器，向各负载送电。

备用电源运行期间，操作值班人员不得离开发电机组，并应根据负荷的变化及时调整电压、厂频率等，发现异常及时处理。

(2) 市电恢复供电时，应及时做好电源转换工作，切断备用电源，恢复市电供电。

按顺序逐个断开自备电源各断路器。顺序是：双电源切换箱自备电源断路器→自备电源配电柜各断路器→发电机总开关→将双投开关拨至市电供电一侧。

按柴油机停机步骤停机。

按顺序，从市电供电总开关至各分路开关逐个闭合各断路器，将双电源切换箱市电供电断路器置于闭合位置。

(3) 检查各仪表及指示灯指示是否正常，启动变压器内冷却风扇。

7. 实训装置上的双电源自动转换开关的操作训练

双电源自动转换开关由常用电源和备用电源两路电源供电，进行此任务时需要手动分、合常用电源断路器和备用电源断路器。每次操作完成后观察电力监控一次系统界面上双电源自动转换开关的开关状态并填写记录表，完成此任务。

1) 操作项目

(1) 投入常用电源，投入备用电源。观察一次系统图上双电源自动转换开关的开关状态，填写记录表。

(2) 投入常用电源，切除备用电源。观察一次系统图上双电源自动转换开关的开关状态，填写记录表。

(3) 投入备用电源，切除常用电源。观察一次系统图上双电源自动转换开关的开关状态，填写记录表。

(4) 切除备用电源，切除常用电源。观察一次系统图上双电源自动转换开关的开关状态，填写记录表(表 5.4.1)。

表 5.4.1　双电源自动转换任务结果统计表

序号	主电源与备用电源投入状态	双电源自动转换开关指示位置 指示(√) 未指示(×)
1	备用电源切除 常用电源投入	Ⅰ(　) Ⅱ(　)
2	常用电源投入 备用电源投入	Ⅰ(　) Ⅱ(　)
3	备用电源投入 常用电源切除	Ⅰ(　) Ⅱ(　)
4	常用电源切除 备用电源切除	Ⅰ(　) Ⅱ(　)

2) 电力监控系统上的监控

(1) 进入 YC-PMCS02 电力监控系统。

(2) 在电力监控一次系统界面中,WATS 为双电源自动转换开关显示。左路显示接通,为主电源当前供电;右路显示接通,为备用电源当前供电。图 5.4.3 所示为双电源自动转换开关在一次系统中的位置。

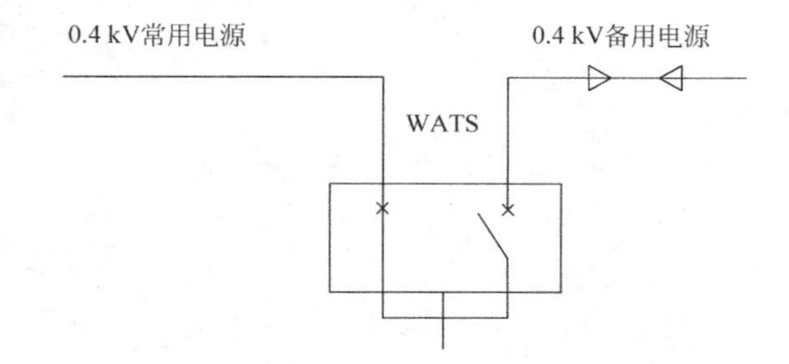

图 5.4.3　双电源自动转换开关

5.4.3　实训思考与练习

(1) 双电源自动转换开关的优点有哪些?

(2) 掌握双电源自动转换开关的接线方式。

(3) 了解双电源自动转换开关的工作原理。

(4) 掌握双电源自动投切的操作方法。

任务五　远程抄表信息系统的设计

5.5.1　实训目的

(1) 掌握远程抄表的编程方法。

(2) 熟悉报表打印。

5.5.2 实训内容及指导

1. 添加模拟量

1) 编程提示

(1) 在亚成智控软件工程管理界面进行。

(2) 默认在电脑上已经存在一个名称为“. MWSMART. SMART SR60”的OPC服务,包含三个模拟量Ua、Ub、Uc。

(3) 已创建三个画面,名称分别为:主界面、曲线界面、报表界面。

(4) OPC设备已经连接。

2) 编程步骤

第一步,双击实时数据库下拉菜单中的“模拟量管理”按钮,单击“添加”按钮进行变量添加,如图5.5.1所示。

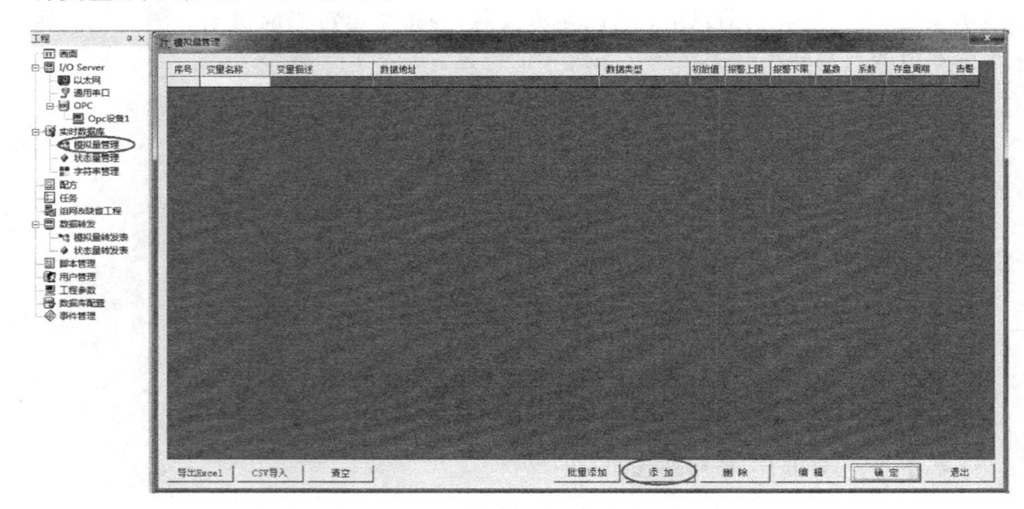

图5.5.1 模拟量管理示意图

第二步,填写模拟量的相关说明。

(1) 名称选项里面,将变量名称设置为“Ua”;变量描述设置为“A相电压”。

(2) 数据源选项里面,将数据选为“I/O型”。数据区选择为“S7SMART. OPCServer”;地址选择为“S7200SMART. OPCServer. MWSMART. SMART SR60. Ua”。

(3) 在“数据处理”选项里面,将“数据类型”选择为“4字节Float”类型,保存周期为“1秒钟”(历史曲线与报表需要使用)。

(4) 填写完成后单击“确认”按钮,如图5.5.2所示。

(5) 余下的Ub与Uc模拟量使用相同的方法进行添加。至此工程所需要的数字量与模拟量全部添加完成。

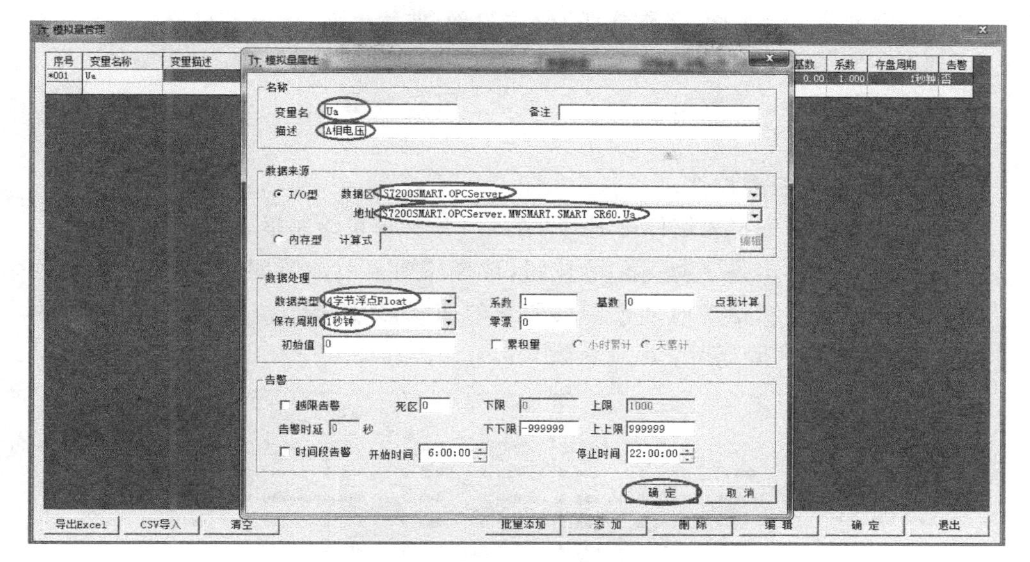

图 5.5.2　模拟量设置示意图

对模拟量的添加需要完成其如下属性设置。

(1) 变量定义(必须)：变量名称是需要添加变量的名称(不能是中文和特殊字符)；变量描述是对添加的变量进行说明(可以选择中文字符对变量进行描述，方便识别)；备注是对变量进行特殊用途的说明(可以为中文字符)。

(2) 数据来源(必须)：I/O型与内存型。I/O型需要选择相应的数据区、地址与第几位；内存型需要编译相应的计算式。

(3) 数据处理(必须)：根据添加变量的类型选择相应的数据类型(1字节无符号Byte、1字节整数、4字节Float浮点型等)，如果选择的数据类型与数据本身的数据类型不相符，那么相应的数据就会出错；对数据进行存储时需要选择保存周期1秒钟、5秒钟、15秒、1分钟等，最小的保存周期为1秒钟，在进行历史数据显示、报表制作等需要选择保存周期；对原始数据进行转换时需配置系数、零漂与基数(基数配置旁边有个“点我计算”按钮辅助完成相应的数据计算)。

(4) 告警：选择是否超越报警(配置需要配置的参数：死区、告警时延、下限、下限限、上限、上限限)；选择是否时间段告警(配置相应时间：开始时间、结束时间)。

注意：如果无法显示数据，应检查数据类型是否正确；如果历史曲线、报表曲线无法显示数据，应检查是否选择保存周期(数据需要保存在数据库)。

2. 添加数据报表

1) 编程提示

(1) 在亚成智控软件工程管理界面进行。

(2) 软件模拟量管理库存在三个模拟量Ua、Ub和Uc。

(3) 已创建三个画面,名称分别为:主界面、曲线界面、报表界面。

(4) OPC 设备已经链接。

报表控件用来显示数据报表,在工具条上用 表示。

2) 编程步骤

第一步,创建报表控件。

单击工具栏中的报表控件选项 ,在工作区域即可绘制报表控件。

工程运行后单击 按钮,选择需要显示的时间段(变量开始时间与结束时间),显示在这个时间范围内变量的曲线,如图 5.5.3 所示。单击“导出 Excel”按钮,将查询的数据导出到系统 D 盘。

2021-02-03 导出Excel

	列名称	列名称	列名称	列名称	列名称	列名称	列名称	列名称
1时	###.#	###.#	###.#	###.#	###.#	###.#	###.#	###.#
2时	###.#	###.#	###.#	###.#	###.#	###.#	###.#	###.#
3时	###.#	###.#	###.#	###.#	###.#	###.#	###.#	###.#
4时	###.#	###.#	###.#	###.#	###.#	###.#	###.#	###.#
5时	###.#	###.#	###.#	###.#	###.#	###.#	###.#	###.#
6时	###.#	###.#	###.#	###.#	###.#	###.#	###.#	###.#
7时	###.#	###.#	###.#	###.#	###.#	###.#	###.#	###.#
8时	###.#	###.#	###.#	###.#	###.#	###.#	###.#	###.#
9时	###.#	###.#	###.#	###.#	###.#	###.#	###.#	###.#
10时	###.#	###.#	###.#	###.#	###.#	###.#	###.#	###.#
11时	###.#	###.#	###.#	###.#	###.#	###.#	###.#	###.#
12时	###.#	###.#	###.#	###.#	###.#	###.#	###.#	###.#
13时	###.#	###.#	###.#	###.#	###.#	###.#	###.#	###.#
14时	###.#	###.#	###.#	###.#	###.#	###.#	###.#	###.#
15时	###.#	###.#	###.#	###.#	###.#	###.#	###.#	###.#
16时	###.#	###.#	###.#	###.#	###.#	###.#	###.#	###.#
17时	###.#	###.#	###.#	###.#	###.#	###.#	###.#	###.#
18时	###.#	###.#	###.#	###.#	###.#	###.#	###.#	###.#
19时	###.#	###.#	###.#	###.#	###.#	###.#	###.#	###.#
20时	###.#	###.#	###.#	###.#	###.#	###.#	###.#	###.#
21时	###.#	###.#	###.#	###.#	###.#	###.#	###.#	###.#
22时	###.#	###.#	###.#	###.#	###.#	###.#	###.#	###.#
23时	###.#	###.#	###.#	###.#	###.#	###.#	###.#	###.#
24时	###.#	###.#	###.#	###.#	###.#	###.#	###.#	###.#

图 5.5.3 报表组件示意图

双击主画面中的“报表”组件任意位置,弹出“报表”组件属性对话框,选中“基本设置”选项,如图 5.5.4 所示,三个基本设置如下。

(1) 类型:选择报表类型(日报表、月报表、时报表、年报表、任意报表)。

(2) 选择项(显示累计值或者显示默认行头)。

(3) 导出文件:选择导出文件的地址与名称。

双击主画面中的“报表”组件任意位置,弹出“报表”组件属性对话框,选中“数据连接”选项,如图 5.5.5 所示,基本设置如下。

(1) 变量:选择相应的变量。

(2) 题头与格式：更改每列数据的说明与数据显示格式。

(3) 添加列，修改列，删除列，向上，向下。

注意：添加变量的报表数据时，需设置相应变量的保存周期（在添加模拟量界面选择相应的保存周期：不保存、1 秒钟、5 秒钟等）。

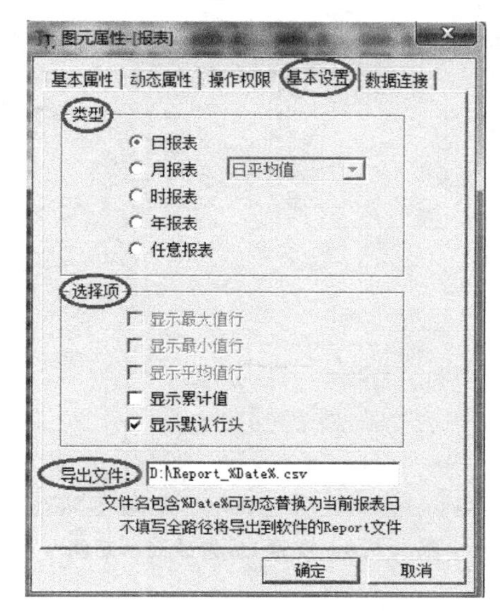

图 5.5.4　报表设置示意图

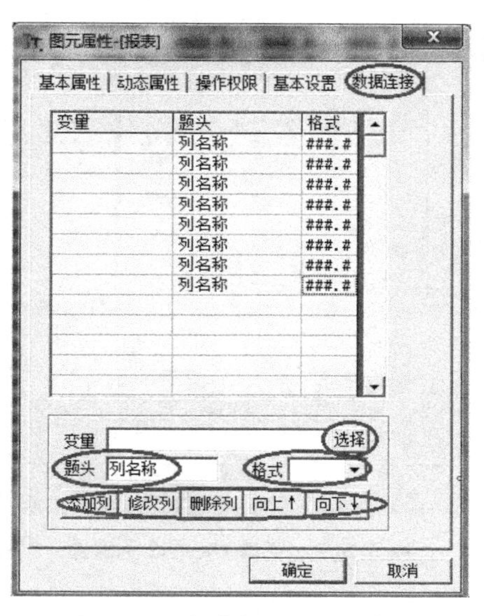

图 5.5.5　报表数据连接示意图

第二步，添加变量 Ua。

单击“数据连接”属性，选中一个数据，弹出变量选择对话框，选择变量 Ua，单击“确定”按钮，如图 5.5.6 所示。

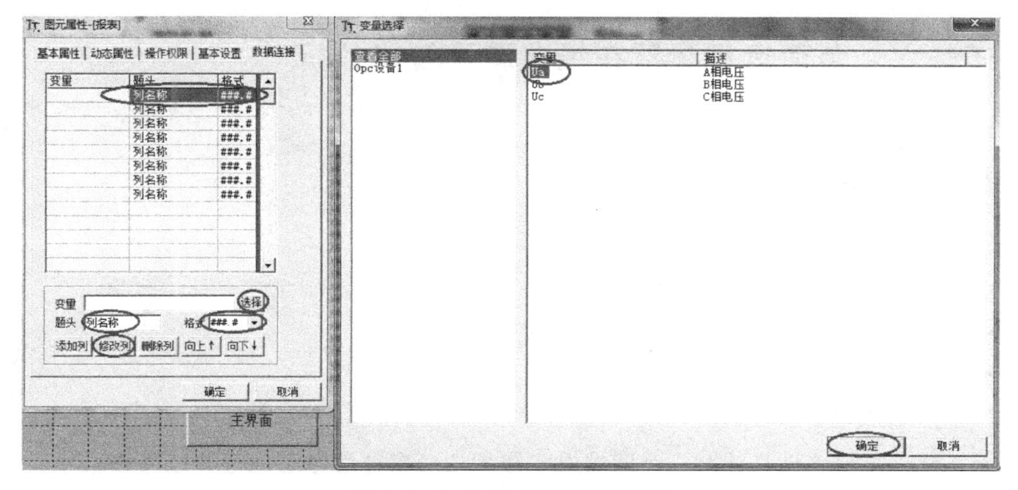

图 5.5.6　变量 Ua 设置示意图

更改 Ua 变量题头名称(A 相电压)与格式(###.#),如图 5.5.7 所示。填写完成后单击“修改列”按钮,如图 5.5.8 所示,Ua 变量报表添加完成。

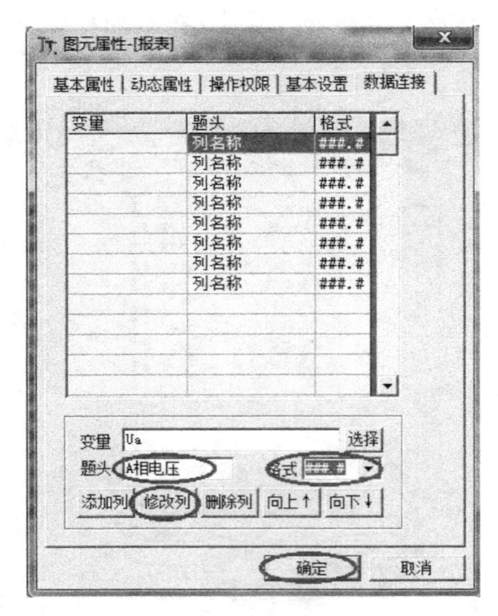

图 5.5.7 变量 Ua 更改示意图

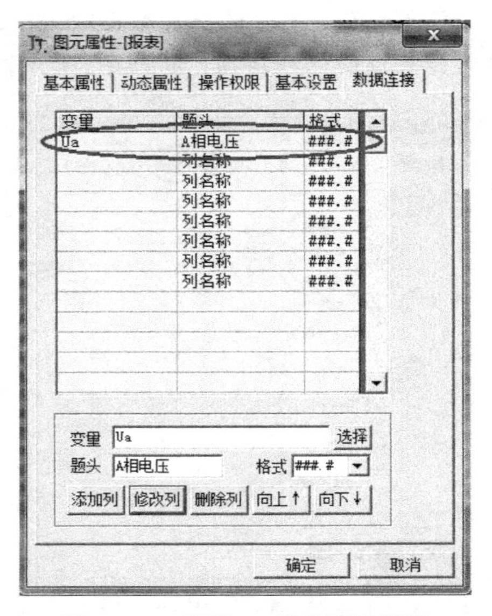

图 5.5.8 变量 Ua 修改列示意图

5.5.3 实训思考与练习

(1) 设计低压负载远程抄表(三相电压、三相电流、有功功率、无功功率)。

(2) 对设计的低压负载远程抄表进行报表打印。

任务六 负荷运行参数在线监测及智能分析

5.6.1 实训目的

(1) 熟悉能量管理软件登录。

(2) 熟悉能量管理软件各个界面。

(3) 熟悉能量管理软件参数设置。

5.6.2 实训内容及指导

1. 原理说明

能量管理软件是针对一个区域电能与无功功率补偿控制进行模拟操作。

2. 能量管理软件遥控操作

(1) 首先双击能量管理系统图标,选择用户“学生”,输入密码,单击“登录”按钮,如图 5.6.1 所示。

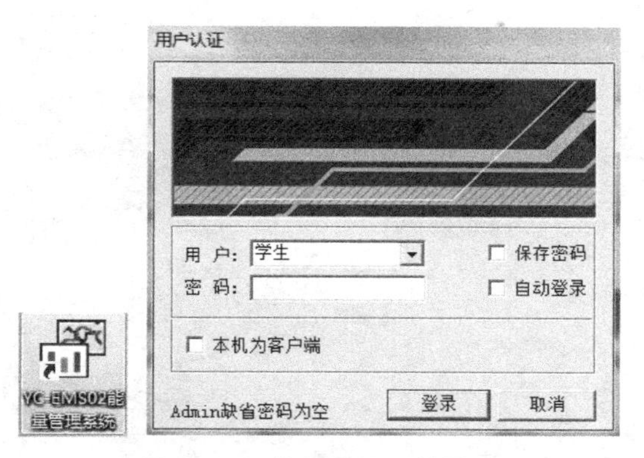

图 5.6.1　能量管理系统界面

进入 YC-EMS02 能量管理软件主界面,登录系统,选择用户名“学生”,输入密码,单击“执行”按钮,如图 5.6.2 所示。

图 5.6.2　能量管理系统登录界面

(2) 进入 YC-EMS02 能量管理软件功能选择界面,本软件由区域能量管理界面与无功补偿控制界面组成,如图 5.6.3 所示。

单击“区域能量管理界面”按钮,遥控 4QF、5QF、6QF 分合闸;单击一级负荷 4QF 下面 4-1、4-2、4-3 的“合闸”按钮;单击二级负荷 5QF 下面 5-1、5-2、5-3 的“合闸”按钮;单击三级负荷 6QF 下面 6-1、6-2、6-3、6-4 的“合闸”按钮,如图 5.6.4 所示。

图 5.6.3 功能选择界面

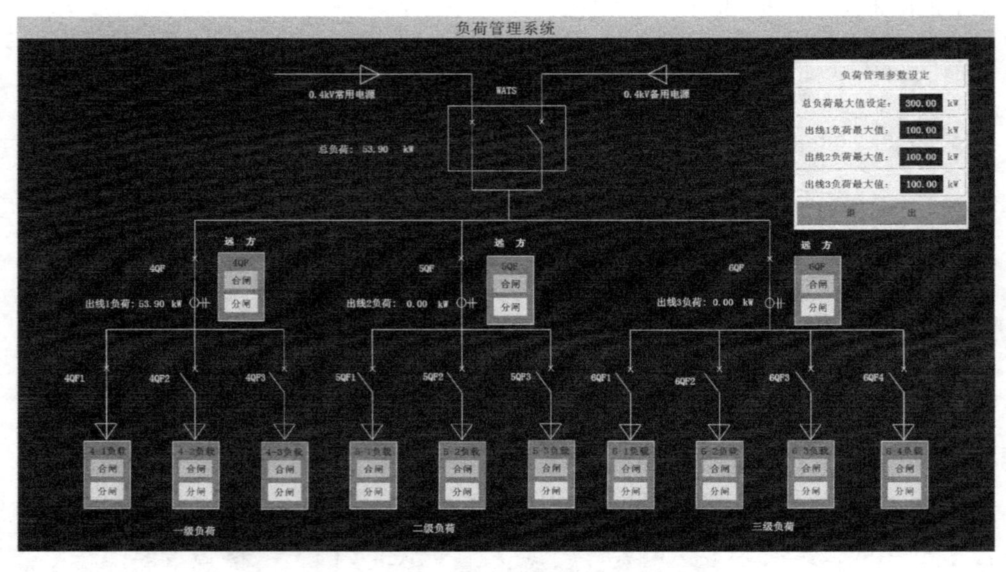

图 5.6.4 区域能量管理界面示意图

3. 能量管理软件参数设置

(1) 单击“区域能量管理界面”按钮，进入区域能量管理系统，在本界面可以完成 4 个参数设定（总负荷最大值、出线 1 负荷最大值、出线 2 负荷最大值、出线 3 负荷最大值），总负荷的设定值等于各个分负荷值之和。每一路负载的实际功率大约为 53.00 kW。

保证 4QF、5QF、6QF 处于合闸状态。

(2) 单击一级负荷 4QF 下面的 4-1、4-2、4-3“合闸”按钮，可以实现一级负荷投切与自动管理功能。

(3) 单击二级负荷 5QF 下面的 5-1、5-2、5-3“合闸”按钮，可以实现二级负荷投切与自动管理功能。

(4) 单击三级负荷 6QF 下面的 6-1、6-2、6-3、6-4“合闸”按钮，可以实现三级负荷投切与自动管理功能。

无论哪一级有负荷投入，都会有各自负荷及总负荷的显示。如图 5.6.5 所示。

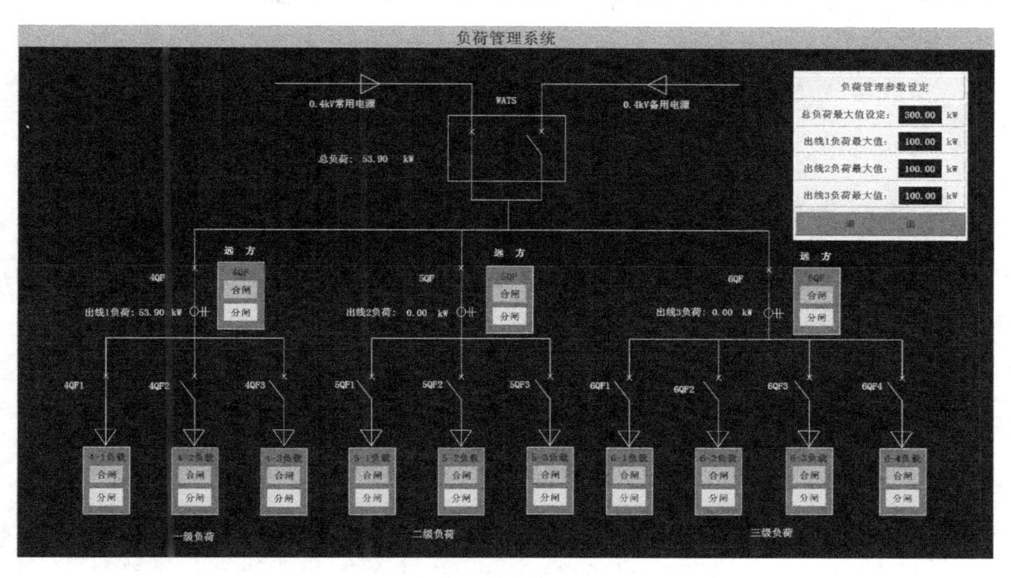

图 5.6.5　区域能量管理负荷显示示意图

(5) 单击“退出系统”按钮，进入退出系统界面，选择用户“学生”，输入密码，单击“退出”按钮，如图 5.6.6 所示。

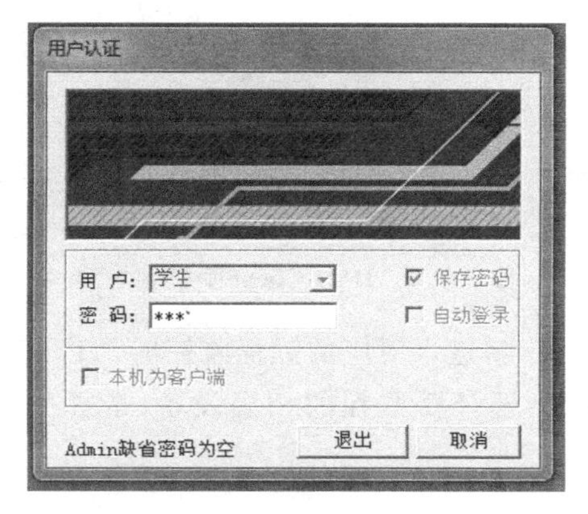

图 5.6.6　退出系统

5.6.3 实训思考与练习

(1) 能量管理软件登录。

(2) 在能量管理软件中远控 4QF、5QF 与 6QF。

(3) 在能量管理软件中远控 4QF1、5QF1 与 6QF1。

(4) 设定负荷的值,并将三级负荷全部投入:

① 总负荷最大值 600 W;

② 出线 1 负荷最大值 200 W;

③ 出线 2 负荷最大值 200 W;

④ 出线 3 负荷最大值 200 W。

任务七 手机 APP 在查询电力运行参数中的应用

5.7.1 实训目的

(1) 学会下载手机客户端软件。

(2) 掌握软件界面切换。

(3) 熟悉实时数据的监测。

5.7.2 实训内容及指导

(1) 登录 http://www.samkoon.com.cn,下载安卓手机客户端软件 HMI Client,下载后安装至手机;IOS 系统手机客户端可进入 APP Store,搜索 HMI Client 同样下载后安装至手机。在此以安卓版本为例进行说明。

单击手机上的 HMI Client 图标,进入手机客户端,如图 5.7.1 所示。

图 5.7.1 HMI Client 手机客户端

(2) 输入用户名和密码,进入对应的远程监控屏,如图 5.7.2 所示。

(3) 在“我的设备”中选择要监控的相应设备,选择“组态界面”,如图 5.7.3 所示。

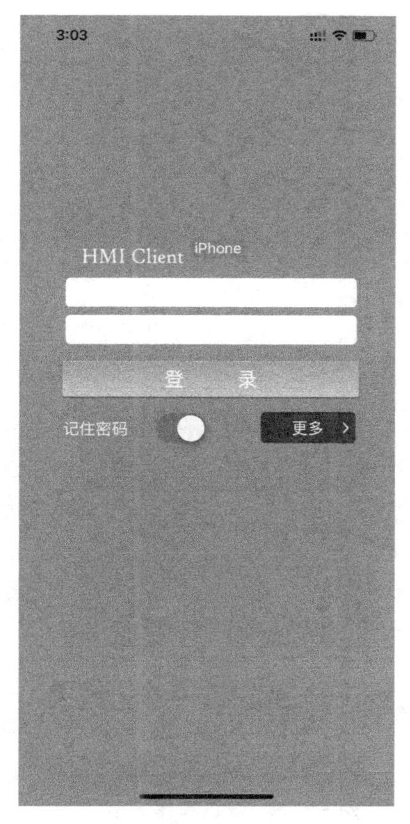

图 5.7.2　输入用户名和密码

图 5.7.3　选择组态界面

(4) 连接模式选择服务器模式,如图 5.7.4 所示。

(5) 进入 YC-PMCS02 电力监控系统,单击“低压遥测画面”,如图 5.7.5 所示。

(6) 进入低压检测功能界面,单击“电能质量管理界面”,如图 5.7.6 所示。

(7) 进入“电能质量管理界面”,可以实时检测感性负载和容性负载的状态,单击“返回”键,如图 5.7.7 所示。

(8) 进入低压检测功能界面,单击“区域能量管理界面”,如图 5.7.8 所示。

(9) 在区域能量管理界面中可以实时远程监测模拟用户的阻性负载状态,如图 5.7.9 所示。

(10) 单击“返回”键,进入低压检测功能界面,再次单击“返回”键,即可退出手机检测软件,如图 5.7.10 所示。

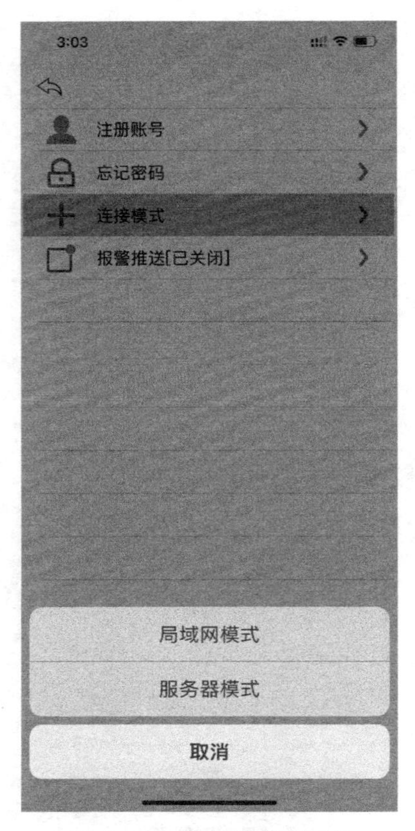

图 5.7.4　选择服务器模式

图 5.7.5　低压遥测界面

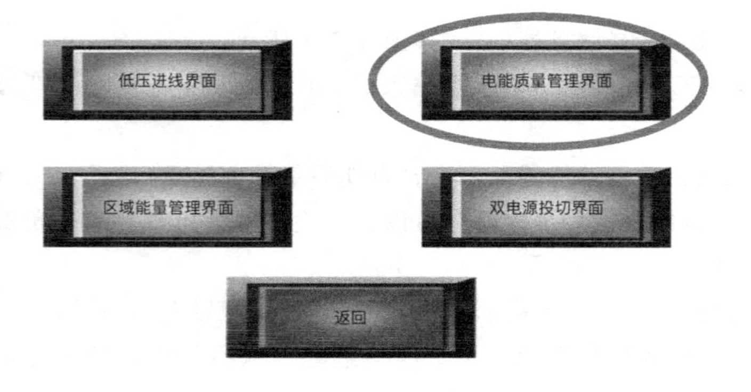

图 5.7.6　低压检测功能界面

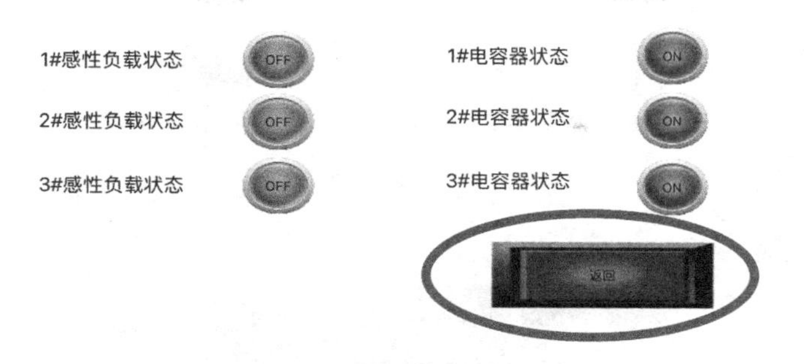

图 5.7.7　电能质量管理界面

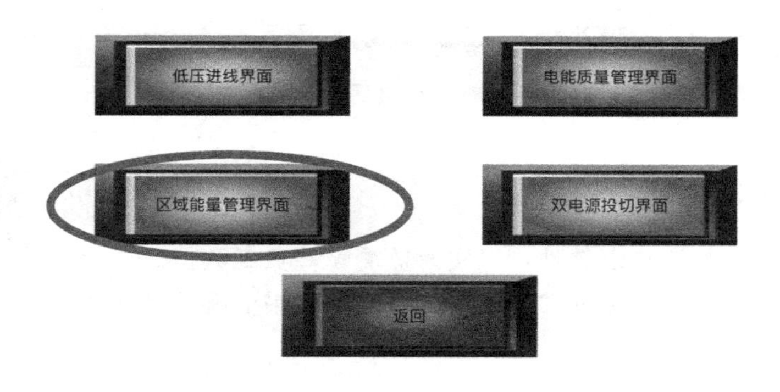

图 5.7.8　低压检测功能界面

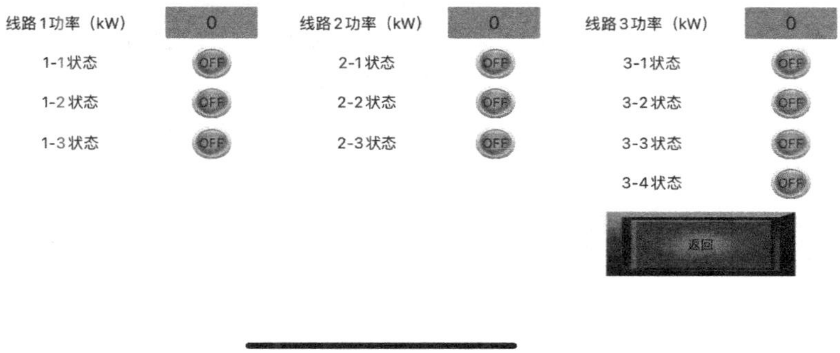

线路1功率（kW） 0
1-1状态 OFF
1-2状态 OFF
1-3状态 OFF
线路2功率（kW） 0
2-1状态 OFF
2-2状态 OFF
2-3状态 OFF
线路3功率（kW） 0
3-1状态 OFF
3-2状态 OFF
3-3状态 OFF
3-4状态 OFF
返回

图 5.7.9　区域能量管理界面

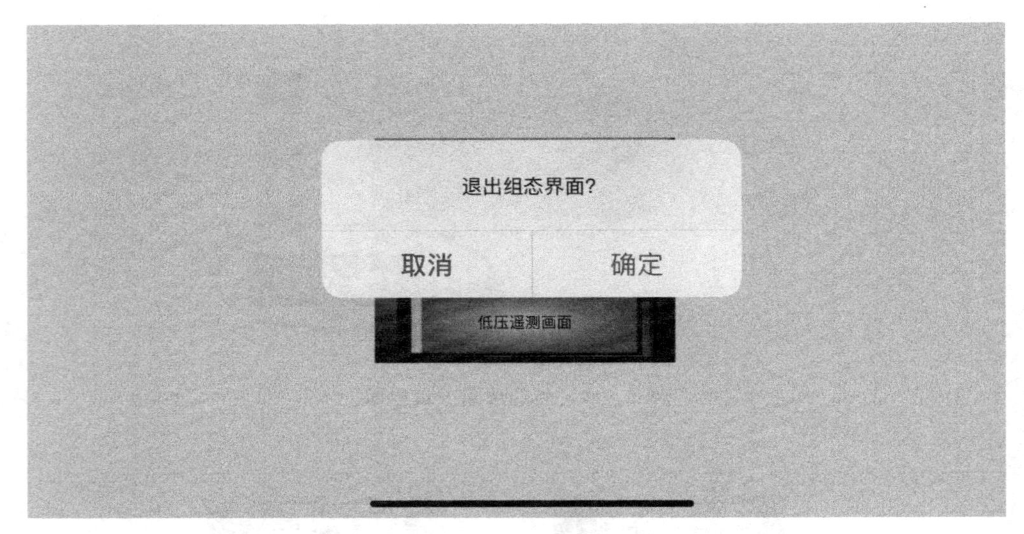

图 5.7.10 退出手机检测软件

5.7.3 实训思考与练习

（1）总结手机客户端软件可以实时监测哪些负载数据。

（2）分析手机客户端软件实现了“四遥”功能中的哪几个功能。

项目五 彩图

项目六

电力监控系统通信组网和远程操作

任务一　电力监控系统通信组网

6.1.1　实训目的

（1）熟悉 RS485 通信设置。

（2）熟悉微机综保单元、多功能电力模块和上位机通信组网。

（3）掌握通信串口。

（4）掌握通信设备。

（5）掌握通信设备与串口的关系。

6.1.2　实训内容及指导

1. 微机综保装置通信参数设置

详见 2.5.2 节的内容。

2. 三相多功能表通信地址设置

低压配电装置三相多功能表主界面如图 6.1.1 所示。

图 6.1.1　三相多功能表主界面示意图

(1) 单击“SET”键后进入密码登录界面,如图 6.1.2 所示。

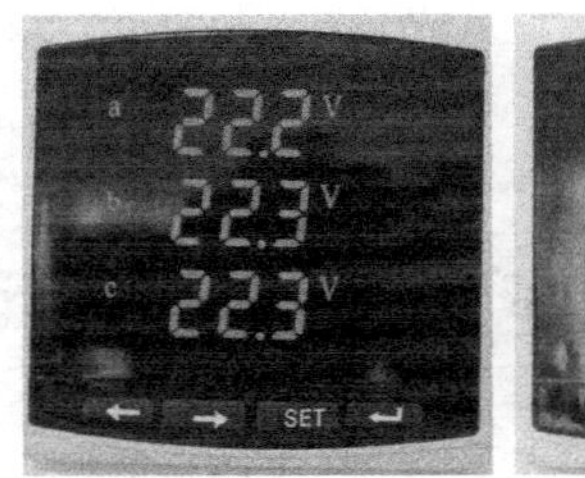

图 6.1.2　三相多功能表密码登录界面

(2) 单击“→”键使密码输入为 0001,如图 6.1.3 所示。

图 6.1.3　三相多功能表密码输入界面

(3) 单击“↵”键进行登录,如图 6.1.4 所示。

图 6.1.4　三相多功能表登录界面

(4) 单击“→”键进入输入设置主界面,如图 6.1.5 所示。

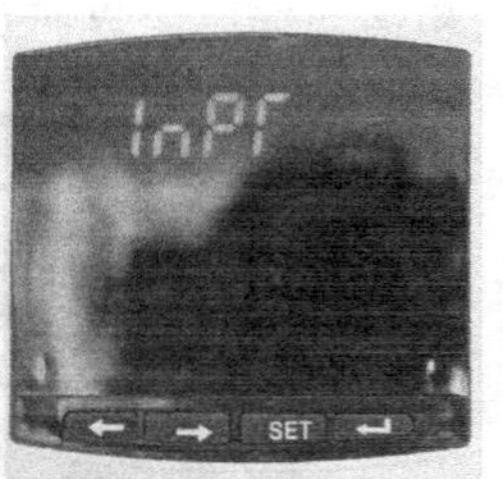

图 6.1.5　三相多功能表输入设置主界面

(5) 单击“→”键进入通信参数设置界面,如图 6.1.6 所示。

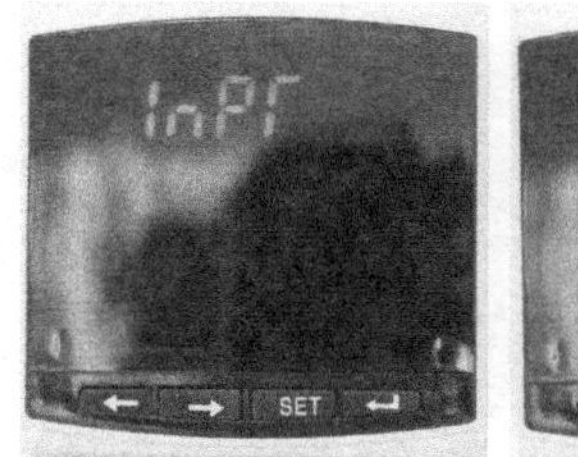

图 6.1.6　三相多功能表相线通信参数设置界面

(6) 单击“↲”键确认进入,如图 6.1.7 所示。

图 6.1.7　三相多功能表相线通信参数确认

(7) 单击“↲”键进入通信地址设置界面,如图 6.1.8 所示。

图 6.1.8　三相多功能表相线通信地址设置界面

(8) 在通信地址设置界面,按“←”键进行移位操作,按“→”键进行 0～9 数值的选择。因为信息化组网里面要求设置为 3,所以这里设置为 3,单击“↲”键确认更改,如图 6.1.9 所示。

图 6.1.9　三相多功能表相线通信地址数值设定

(9) 返回到通信地址设置界面后，单击“→”键进入波特率设置界面，如图 6.1.10 所示。

图 6.1.10　三相多功能表相线波特率设置界面

(10) 进入波特率设置界面后，单击“↵”键进行确认，如图 6.1.11 所示。

图 6.1.11　三相多功能表相线波特率确认

(11) 进入波特率设置界面，单击“←”键或“→”键选择不同的波特率，因为信息化组网里面要求波特率设置为 9 600，所以这里设置为 9 600，单击“↵”键确认更改，如图 6.1.12 所示。

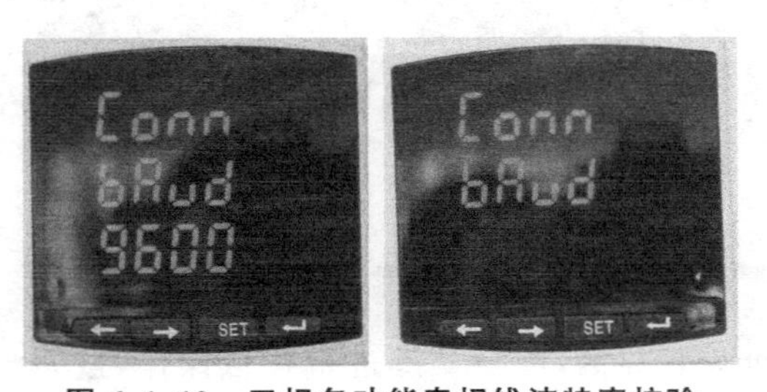

图 6.1.12　三相多功能表相线波特率校验

(12) 返回到波特率设置界面后，单击“→”键进入校验设置界面，如图 6.1.13 所示。

图 6.1.13　三相多功能表相线校验设置界面

(13) 转到校验设置界面后，单击“↵”键进行确认，如图 6.1.14 所示。

图 6.1.14　三相多功能表相线校验确认

(14) 进入校验设置界面后，按“←”键或“→”键进行更改，这里选择 n.8.1(无校验.八个数据位.一个停止位)。然后单击“↵”键进行确认，如图 6.1.15 所示。

图 6.1.15　三相多功能表相线校验设置更改

(15) 返回到校验设置界面后，单击“SET”键返回到上一级界面，如图 6.1.16 所示。

图 6.1.16　返回通信参数设置界面

(16) 返回到通信设置菜单后，单击“SET”键退出，如图 6.1.17 所示。

图 6.1.17　三相多功能表相线退出和保存界面

(17) 单击“↵”键进行确认保存，然后回到主界面，保存完成。

3. 单项电流表通信地址设置

单相电流的设置(这里以出线 1 为例)参考 3.3.2 节的内容。

单相电流表还需设置出线 2 电流，出线 3 电流。出线 2 单相电流表地址为 5，出线 3 单相电流表地址为 6，设置方法和出线 1 电流表设置一样。

4. 上位机添加通信串口

1) 添加串口

在智控软件中添加一个设备前，需要先添加这个设备所在的通信通道，如串口、以太网，然后才能添加设备，也就是说设备需要添加在前面建立的通道下。添加串口通信口的方法是：在控制树的“通用串口”项上单击鼠标右键，如图 6.1.18 所示，选择“新建串口”菜单项，此时会弹出普通串口的通用属性窗口，如图 6.1.19 所示，基本设置如下。

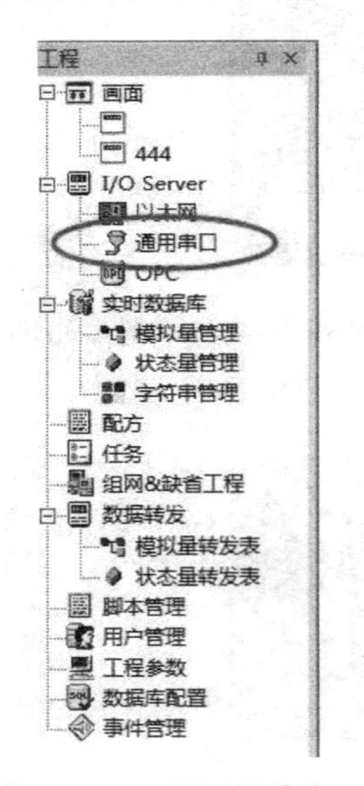

图 6.1.18 通用属性窗口

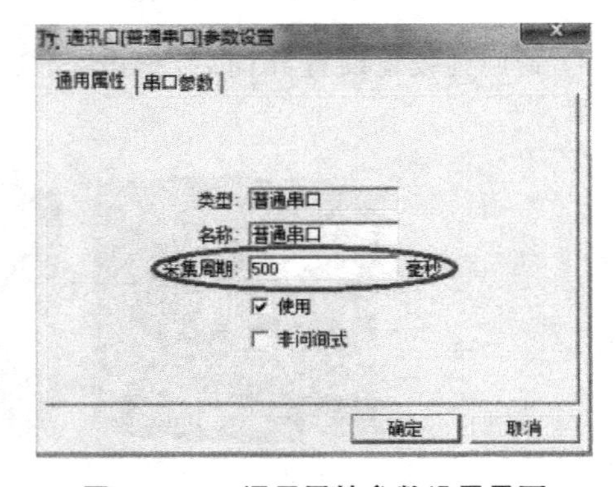

图 6.1.19 通用属性参数设置界面

(1) 类型：说明通信类型。

(2) 名称：对添加的串口进行命名(可以为中文)。

(3) 采集周期：改变数据刷新周期。

注意：最后一定在“使用”前打√，激活此串口。

普通串口的串口参数如图 6.1.19 和图 6.1.20 所示。

(1) 采集周期：本软件每隔多长时间刷新一次数据，默认为 500 ms。采集周期时间过长，数据的刷新变慢；刷新周期太短，有可能发生丢失数据包，导致通信失败。

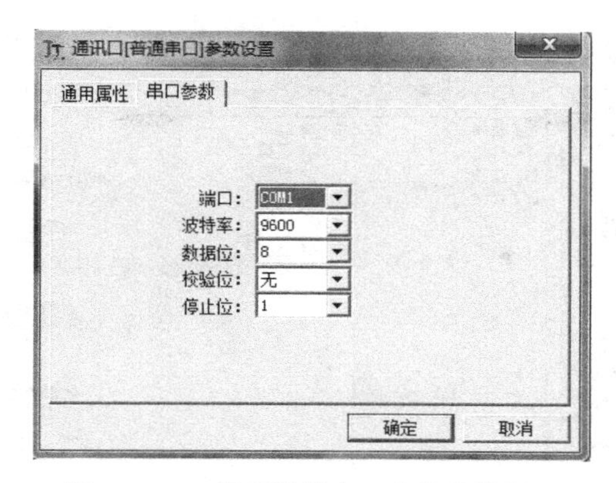

图 6.1.20　通用属性串口参数设置界面

(2) 端口：从 COM1 到 COM127，选择通信设备所对应的端口号。

(3) 波特率：设备通信所采用的通信速率，可以选择通信速率为 1 200 bit/s、2 400 bit/s、4 800 bit/s、9 600 bit/s、14 400 bit/s、19 200 bit/s、38 400 bit/s、57 600 bit/s、115 200 bit/s。

(4) 数据位：每个字节中所包含的数据位，共有 8 位、7 位、6 位三种选择。

(5) 校验位：每个字节所包含的校验方式，共有无、奇校验、偶校验三种选择。

(6) 停止位：每个字节传输完成后紧跟的停止位，共有 1 个停止位、1.5 个停止位、2 个停止位三种选择。

注意：进行通信时，端口号、波特率、数据位、校验位、停止位必须都正确方可通信。

2) 添加设备

串口通道添加配置完成后，可以添加设备。添加设备的方法是：在已经建立好的通道项上单击鼠标右键，选择“添加设备”，如图 6.1.21 所示。

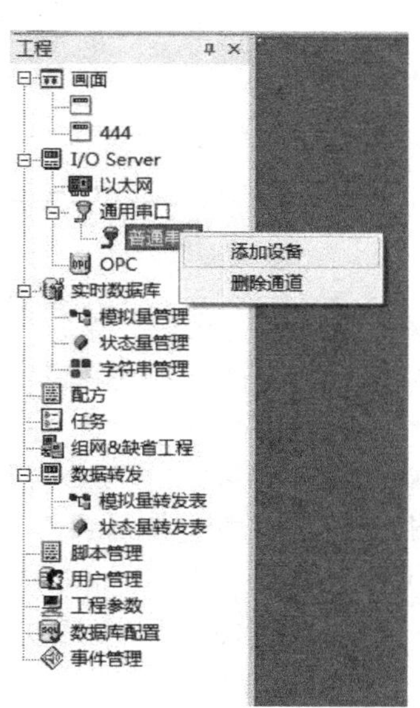

图 6.1.21　通用属性添加设备示意图

此时会弹出“添加新设备”对话框，用户需要选择需要添加的设备类型，并输入设备名称，如果需要同时自动添加设备内的测点为变量，则需要输入变量名前缀，变量名前缀最好用字母，它会作为自动添加的变量名称的前缀，如图 6.1.22 所示。

完成添加设备后，在当前的通道下会增加一个设备项。双击这个设备项，即可对这个设备进行参数配置。设备的参数配置主要有以下两部分。

第一部分是通用参数，包括设备名称、地址等，如图 6.1.23 所示。

第二部分是数据区，如图 6.1.24 所示。数据

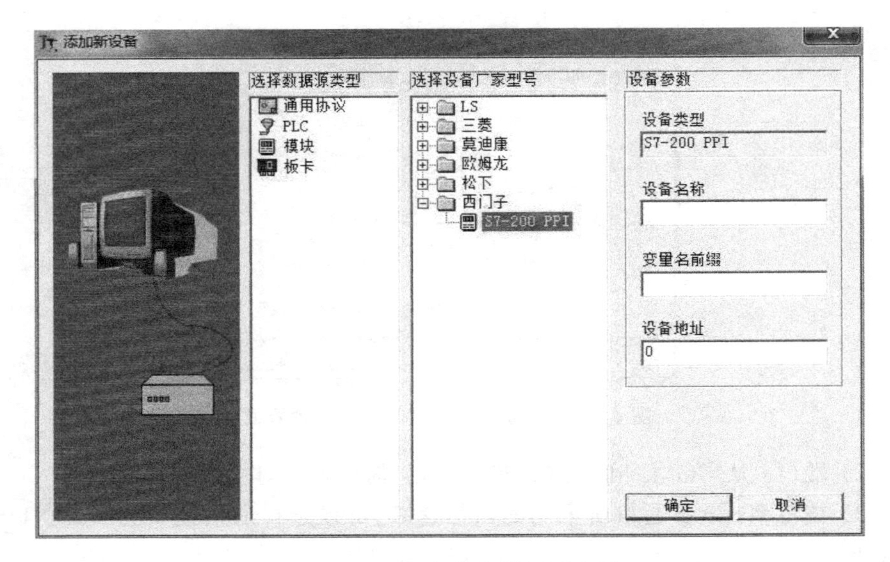

图 6.1.22 添加设备界面示意图

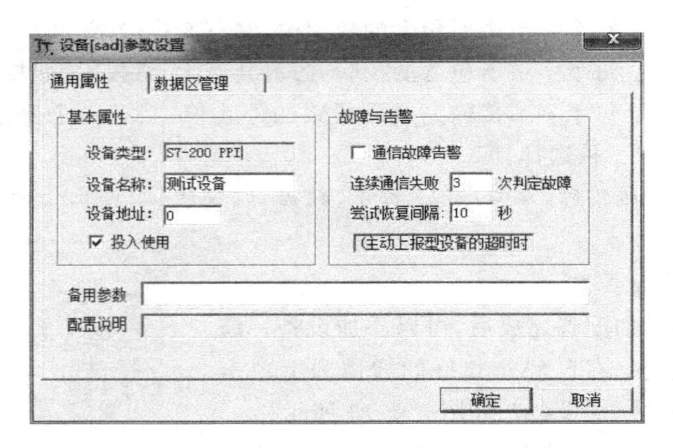

图 6.1.23 通用参数设置界面

区是智控软件中的一个重要概念，是智控软件系统中用来存储从设备采集来的数据的一个内存区域，一般与真实设备内的设备内存区相对应。变量的值就是从数据区获取原始数据处理后得到的工程数据。如：一个设备提供了 10 个 2 字节的输入模拟量，那么就需要在智控软件的设备中建立一个对应的数据区，长度为 10×2 个字节，起始地址由设备协议决定，一般从 0 开始。设备提供哪些类型的寄存器区是由设备驱动决定的。

3）删除普通串口

单击“普通串口”按钮，弹出“请确认”窗口，单击“是”按钮，普通串口就会被删除，如图 6.1.25 所示。

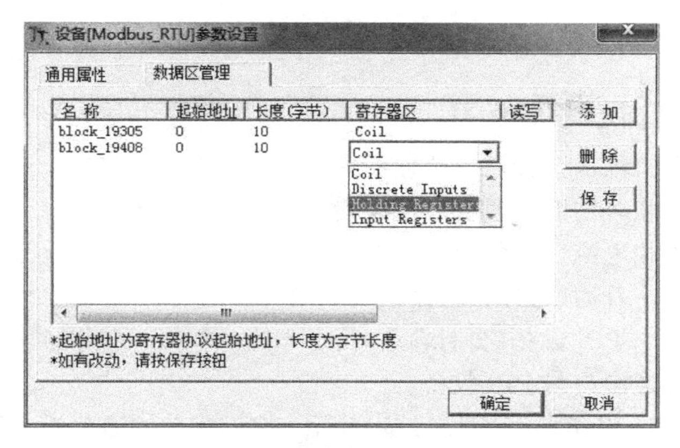

图 6.1.24　数据区设置界面

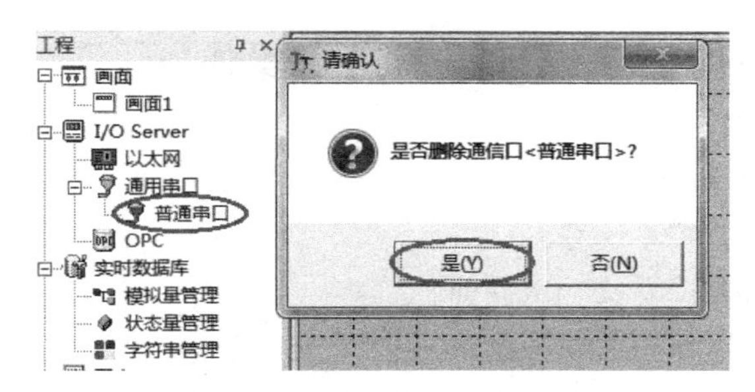

图 6.1.25　普通串口删除示意图

4) Modbus RTU 协议设备

智控软件中已经内置了 Modbus RTU 和 Modbus TCP 设备协议，用户可以添加 Modbus 设备。标准 Modbus 设备中的数据可分为 4 类，分别是：

Coil	(DO)开关量
Discrete Inputs	(DI)状态量
Holding Register	(AO)保持寄存器
Input Registers	(AI)输入寄存器

用户可以在一个设备内建立多个数据区。数据区中的寄存器长度单位是字节，对应在 Input Registers 数据区，一个寄存器要两个字节，所以如果需要采集 10 个 Input Registers 测点的数据，由于一个 Input Registers 测点占 2 个字节，数据长度需要填写 10×2=20。同样地，对于 Discrete Inputs 采集，如果需要采集 7 个 Discrete Inputs 测点的状态，Discrete Inputs 数据区的数据长度需要填 1；需要采集 16 个 Discrete Inputs 测点的状态，则 Discrete Inputs 数据区的数据长度需要填 2。

数据区的起始地址就是寄存器的 Modbus 协议地址(十进制)，对于 0×40001，就填写1即可。

6.1.3 实训思考与练习

(1) 练习微机综保装置通信地址设置。

(2) 练习三相多功能表通信地址设置。

(3) 练习单相电流表通信地址设置。

(4) 创建一个普通串口(自行命名)。

(5) 添加一个PPI设备(自行命名)。

(6) 删除普通串口与PPI设备。

(7) 添加一台Modbus RTU设备(提示:在已创建的通信串口上添加设备)。

任务二 电力监控系统远程停送电操作

6.2.1 实训目的

(1) 熟悉电力监控系统登录。

(2) 熟悉电力监控系统一次界面。

(3) 熟悉电力监控系统停送电操作。

6.2.2 实训内容及指导

1. 原理说明

YC-PMCS02电力监控系统是针对智能供配电实训平台开发的电力监控系统,可以完成对智能供配电系统的监控。

2. 远程停送电操作步骤

(1) 进入YC-PMCS02电力监控系统。

(2) 按下高压开关QS旁边的“分闸”按钮和“合闸”按钮,可以实现高压负荷开关的远方停送电控制,如图6.2.1所示。

图6.2.1 高压开关QS“分闸”“合闸”控制按钮

在远方情况下,按下“分闸”按钮,高压开关QS分闸,如图6.2.2所示,高压开关QS分闸指示灯点亮,如图6.2.3所示。

在远方情况下,按下“合闸”按钮,高压开关QS合闸,如图6.2.4所示,高压开关QS合闸示灯点亮,如图6.2.5所示。

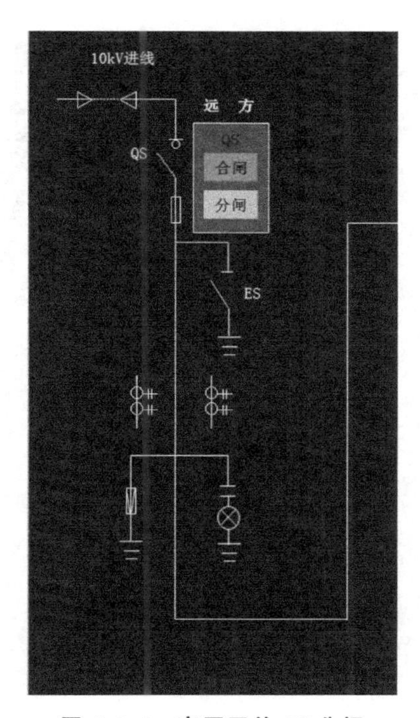

图 6.2.2　高压开关 QS 分闸

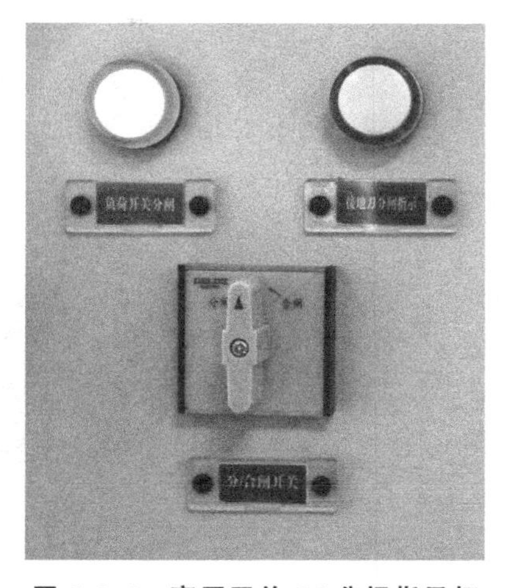

图 6.2.3　高压开关 QS 分闸指示灯

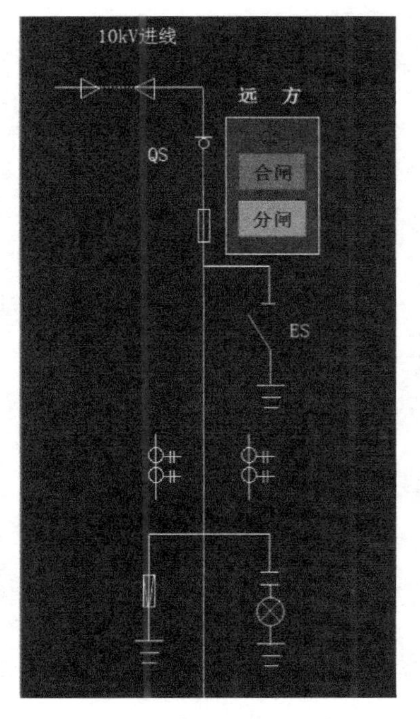

图 6.2.4　高压开关 QS 合闸

图 6.2.5　高压开关 QS 合闸

6.2.3 实训思考与练习

(1) 熟练电力监控系统登录。

(2) 熟练电力监控系统的停送电操作。

项目六 彩图

项目七

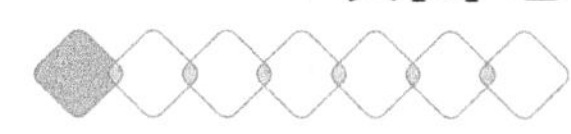

电力监控系统组态设计

任务一 电力调度自动化系统“四遥”组态设计

7.1.1 实训目的

(1) 了解什么是电力调度自动化系统“四遥”功能。

(2) 熟悉智能供配电实训平台如何做到“四遥”。

7.1.2 实训内容及指导

1. “四遥”的含义

遥测：远程测量，采集并传送运行参数，包括各种电气量(线路上的电压、电流、功率等量值)和负荷潮流等，被测量为模拟量。

遥信：远程信号，采集并传送各种保护和开关量信息给调度。

遥控：远程控制，接收并执行遥控命令，主要是分合闸，对远程的一些开关控制设备进行远程控制，为开关量输出。

遥调：远程调节，接受并执行遥调命令，对远程的控制量设备进行远程调试，如调节发电机输出功率，为模拟量输出。

2. 智能供配电实训平台的“四遥”功能

(1) 遥测：远程测量低压配电装置的三相电压、三相电流、频率、有功功率、无功功率、功率因数等，如图 7.1.1 所示。

(2) 遥信：远程传输高压负荷开关的分合闸状态，高压接地开关的分合闸状态，低压断路器的分合闸状态，双电源切换开关状态，出线 1、出线 2、出线 3 的分合闸状态，模拟用户负载分合闸状态，如图 7.1.2 所示。

(3) 遥控：远程控制高压负荷开关的分合闸，低压断路器的分合闸，出线 1、出

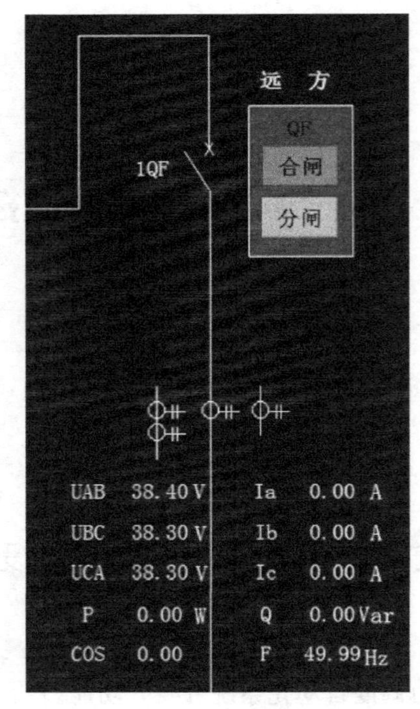

图 7.1.1 遥测界面

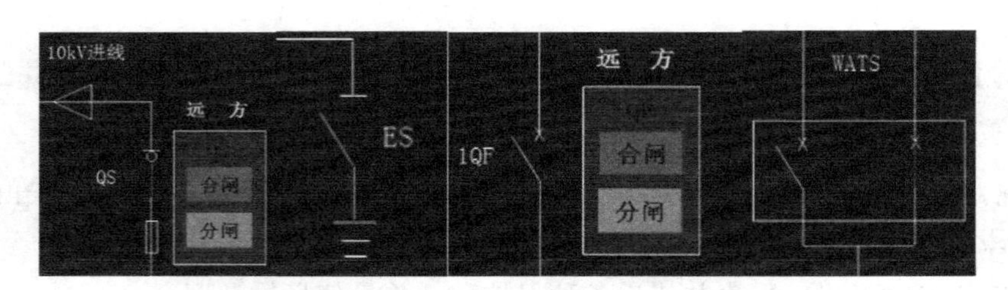

高压负荷开关　高压接地开关　低压断路器状态　双电源切换开关状态

图 7.1.2 遥信界面

线 2、出线 3 的分合闸、模拟用户负载分合闸，感性负载的投入与切除，如图 7.1.3 所示。

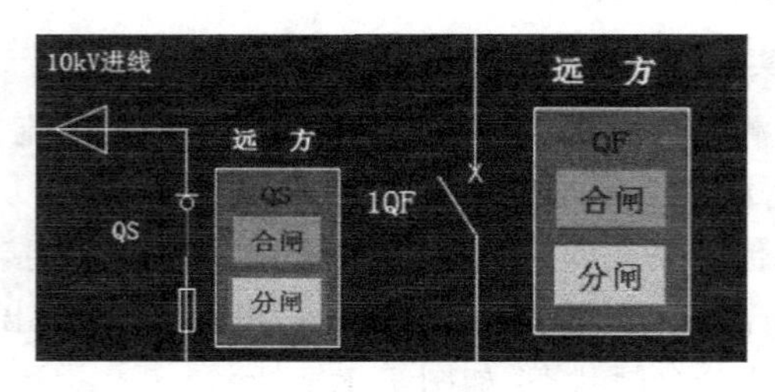

图 7.1.3 遥控界面

（4）遥调：远程综保电流调节，如图 7.1.4 所示。

综保电流调节

电流调节复位	电　流： 247.50 A
1档电流：	6档电流：
2档电流：	7档电流：
3档电流：	8档电流：
4档电流：	9档电流：
5档电流：	10档电流：

图 7.1.4　遥调界面

3. 遥信、遥控组态实训

1）添加状态量

（1）添加状态量说明

① 在亚成智控软件工程管理界面进行。

② 默认在电脑上已经存在一个名称为“. MWSMART. SMART SR60”的 OPC 服务，里面包含 QiDong、TingZhi、ZhuangTai 三个数字量。

③ 创建三个画面，名称分别为主界面、曲线界面、报表界面。

④ OPC 设备已经连接。

（2）添加状态量的步骤

状态量就是 bool 量，它只有两种状态，1 和 0 或者真和假，可以表示指示灯的亮灭，可以控制开关的启停等。

第一步，双击实时数据库下拉菜单中的“状态量管理”按钮，单击“添加”按钮进行变量添加，如图 7.1.5 所示。

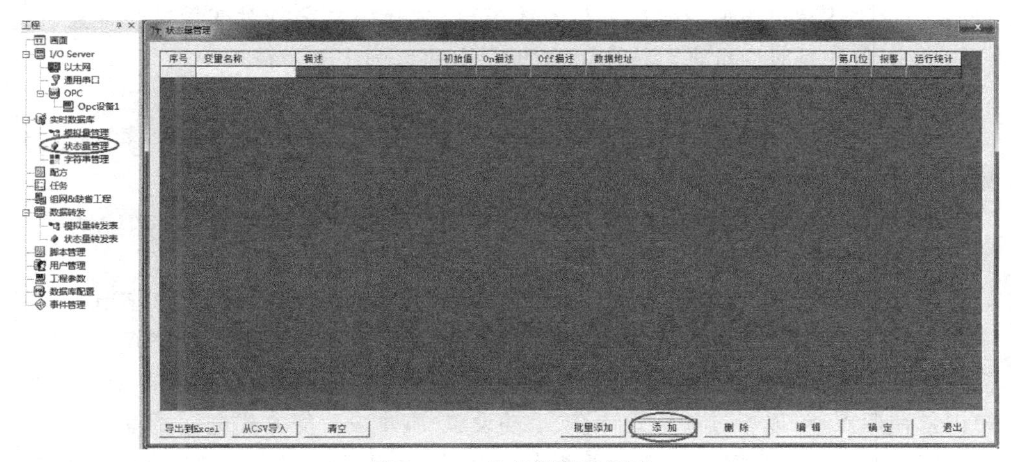

图 7.1.5　状态量管理界面

第二步，变量添加，如图 7.1.6 所示。

① “变量定义”选项里面，将“变量名称”设置为“QiDong”；“变量描述”设置为“启动按钮”。

② “数据源”选项里面，将数据选为“I/O 型”。数据区选择为“S7200SMART.OPCServer”；地址选择为“S7200SMART.OPCServer.MWSMART.SMART SR60.QiDong”。

填写完成后单击“确定”按钮。

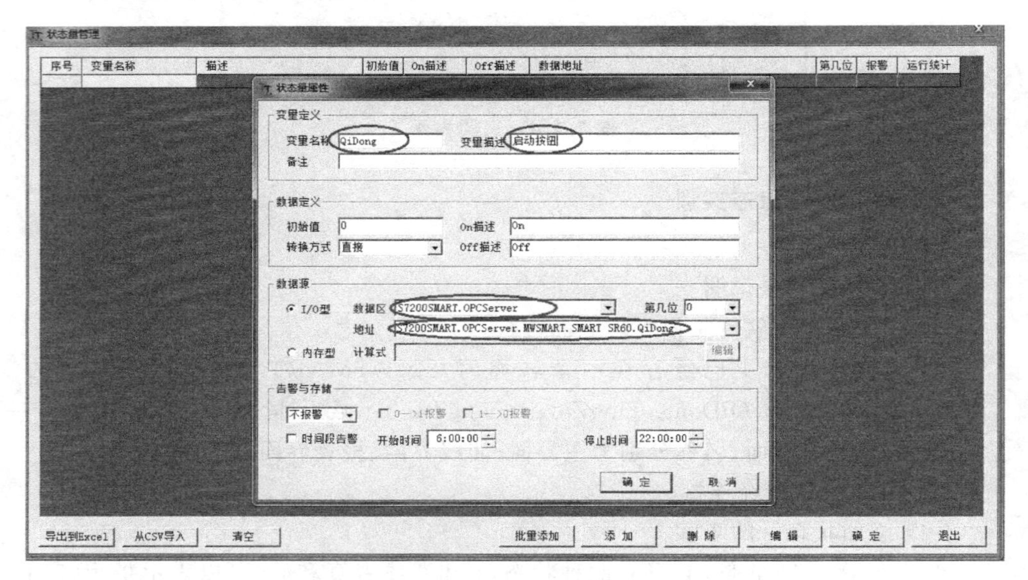

图 7.1.6　变量管理界面

第三步，对状态量的添加需要完成以下几步。

① 变量定义(必须)：变量名称是需要添加变量的名称(不能是中文和特殊字符)；变量描述是对添加的变量进行说明(可以选择中文字符对变量进行描述，方便识别)；备注是对变量进行特殊用途的说明(可以为中文字符)。

② 数据定义(根据功能)：转换方式有两种(直接、取反)。

③ 数据源(必须)：I/O 型与内存型。I/O 型需要选择相应的数据区、地址与第几位；内存型需要编译相应的计算式。

④ 告警与存储(根据功能)：选择是否报警(不报警/报警)、报警方式(0→1 报警/1→0 报警)、报警时间段选择(开始时间、结束时间)。

数据区和地址共同确定了该状态量对应着哪个数据区的内存地址(字节)。由于状态量一般用一个 bit 来存储，在一个内存字节中，可以存储 8 个状态量，所以还需要用“位”来指定该状态量对应的是存储字节中的第几个 bit 位。内存型是指系统内部使用点，可以通过计算式计算、手动设置、脚本设置等方式进行读写。

双击状态量管理对话框任一条测点记录，则可以进行测点参数的编辑。界面与添加测点的界面一致。

智控软件提供了批量添加测点的功能，可以一次添加多个测点，只要指定数据区、起始地址和变量个数即可。填写的变量名会作为所有添加变量的变量名前缀，如变量名填写 DI，则生成的变量名字为 DI_0，DI_1。

（3）状态量的控制与反馈

① 在亚成智控软件工程管理界面进行。

② 默认在电脑上已经存在一个名称为“. MWSMART. SMART SR60”的 OPC 服务，里面包含 QiDong、TingZhi、ZhuangTai 三个数字量。

③ 已创建三个画面，名称分别为主界面、曲线界面、报表界面。

④ OPC 设备已经连接。

2）绘制图元

第一步，双击画面菜单选项下的“主画面”按钮，打开其工作区域。在其工作区域添加相应的组件，如图 7.1.7 所示。

第二步，单击工具栏中的“按钮”选项，在工作区域就可绘制按钮组件，如图 7.1.8 所示。

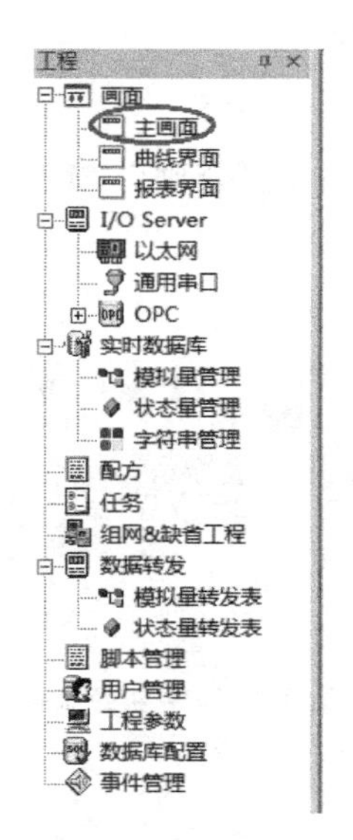

图 7.1.7　主画面操作示意图

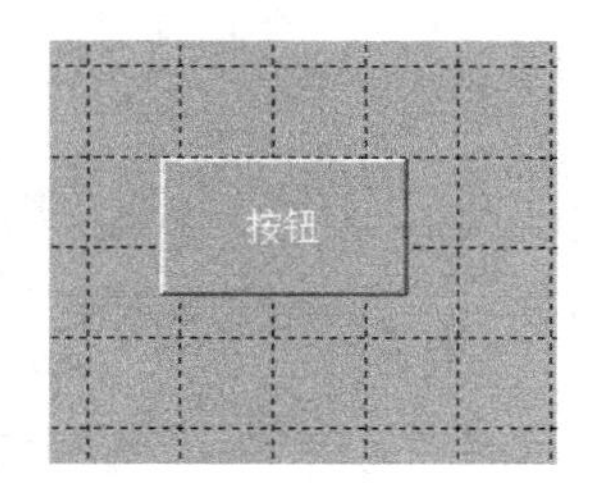

图 7.1.8　绘制按钮示意图

第三步，双击主画面中的“按钮”组件，弹出按钮的“图元属性”对话框，选中“基本属性”选项，如图 7.1.9 所示。基本设置如下。

① 前景：改变按钮组件中名字的颜色，将其改为黑色。

② 背景：改变组件本身的颜色，将其改为绿色。

③ 文本：改变组件内部显示的文本，将其改为“合闸”。

④ 选择字体：改变组件中文本的字体。

设置完成后单击“确定”按钮,进行保存。

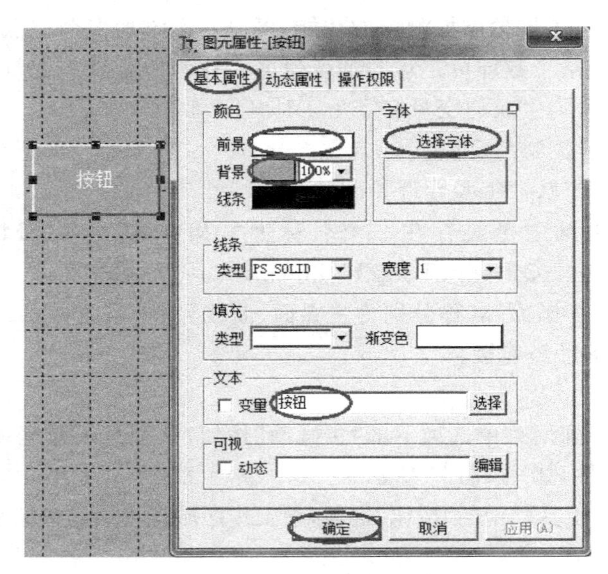

图 7.1.9　图元属性对话框

第四步,设置完成后,保存此按钮组件,如图 7.1.10 所示。

第五步,使用相同的方法制作分闸按钮,文本为“分闸”,背景为红色,如图 7.1.11 所示。

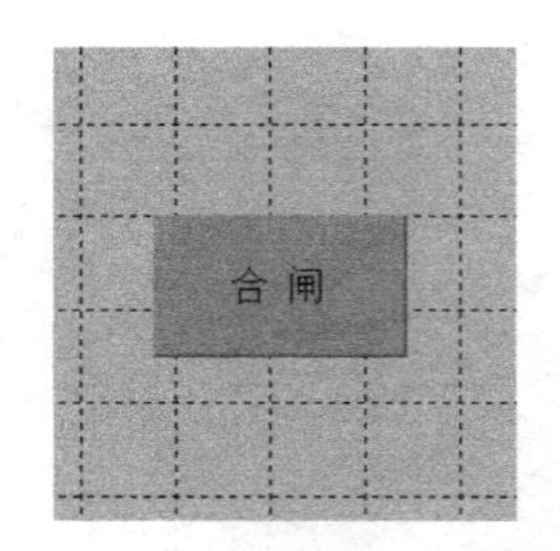

图 7.1.10　合闸按钮效果图

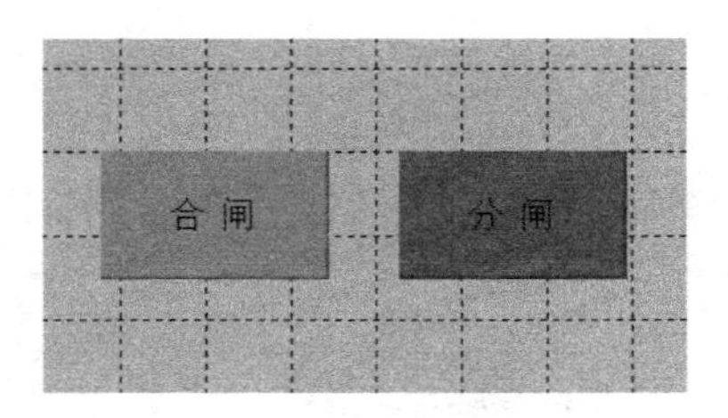

图 7.1.11　合闸、分闸按钮效果图

第六步,单击工具栏中的椭圆选项,在工作区域就可绘制椭圆(充当指示灯),如图 7.1.12 所示。

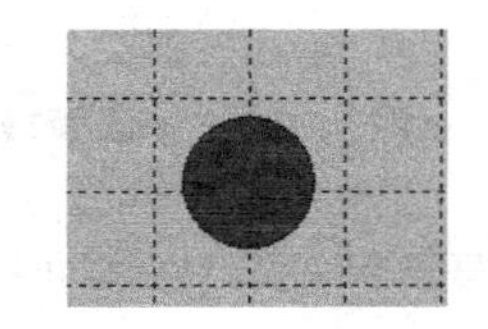

图 7.1.12　椭圆按钮效果图

第七步,双击主画面中的椭圆组件,弹出按钮的“图元属性”对话框,选中“基本属性”选项,如图 7.1.13 所示。基本设置如下。

① 背景:改变椭圆组件内部颜色,将其改为绿色。

② 线条:改变组件边框颜色,将其改为红色。

设置完成后单击“确定”按钮,进行保存。

第八步，绘制完成的两个按钮与一个指示灯如图 7.1.14 所示。

图 7.1.13　按钮更改示意图

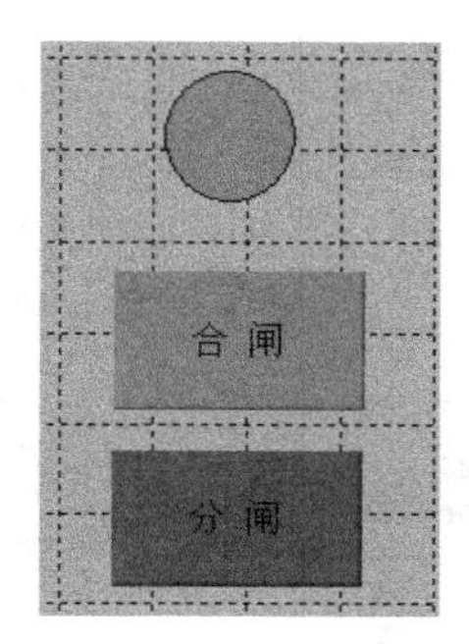

图 7.1.14　按钮设计效果图

3）将图元与状态量进行关联

第一步，双击主画面中的椭圆组件，弹出按钮的"图元属性"对话框，选中"动态属性"选项，如图 7.1.15 所示。

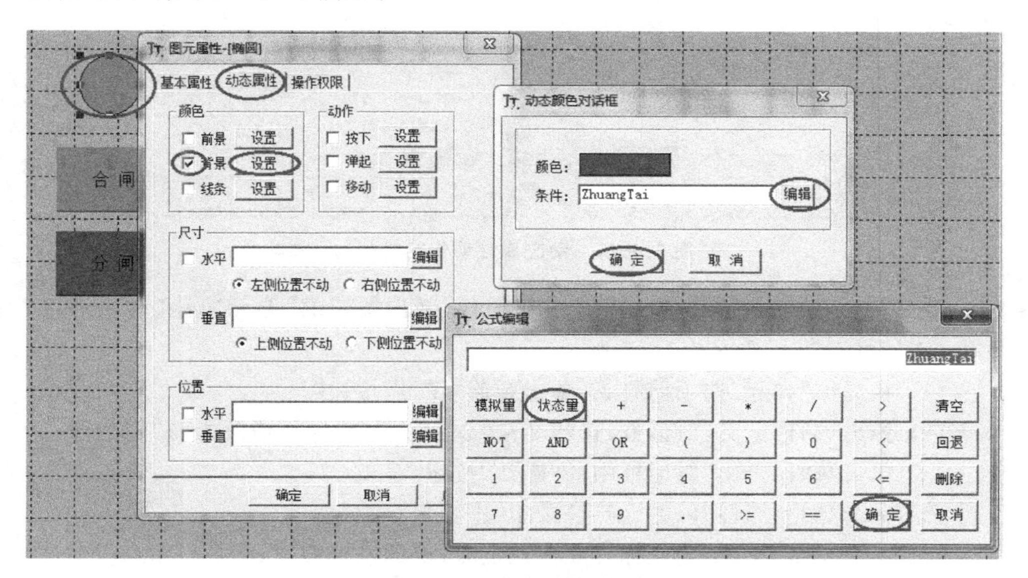

图 7.1.15　动态属性对话框

(1) 在"背景"选项前打√，单击"背景"选项后的"设置"按钮。

(2) 弹出"动态颜色对话框"，单击"颜色"选项，将颜色选择为红色，然后单击对话框中的“编辑”按钮。

(3) 弹出“公式编辑”对话框，单击“状态量”按钮，选择相应的数字量。选择完成后，单击“确认”按钮。

设置完成后，单击动态编辑框中“确定”按钮，单击“图元属性”中“确定”按钮，进行保存。

设置此动态颜色的逻辑是：当选中的编辑的条件为真时背景颜色为红色，条件为假时背景颜色为默认颜色(默认颜色为绿色)。

第二步，双击主画面中的“合闸”按钮组件，弹出按钮的“图元属性”对话框，选中“动态属性”选项，如图 7.1.16 所示。

(1) 在动作“按下”选项前打√，单击按下“设置”按钮。

(2) 单击“动作定义”对话框中的“确认”按钮。

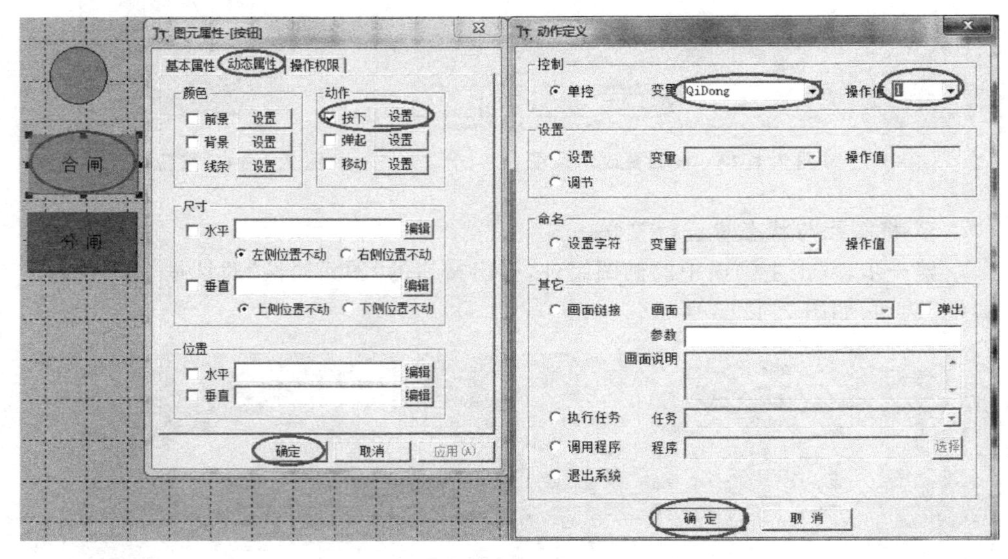

图 7.1.16 动态属性动作定义(一)

第三步，双击主画面中的“合闸”按钮组件，弹出按钮的“图元属性”对话框，选中“动态属性”选项，如图 7.1.17 所示。

(1) 在动作“弹起”选项前打√，单击弹起“设置”按钮。

(2) 弹出“动作定义”对话框，选择变量“QiDong”，将操作值改为“1”。

(3) 单击“动作定义”对话框中的“确认”按钮。

(4) 单击“图元属性”内的“确定”按钮，进行保存。

设置按钮的逻辑是：当鼠标在此按钮上时，鼠标左键按下，将数字量“QiDong”设置为“1”；鼠标左键弹起，将数字量“QiDong”设置为“0”。

分闸按钮使用相同的方法关联数字量“TiZhi”。

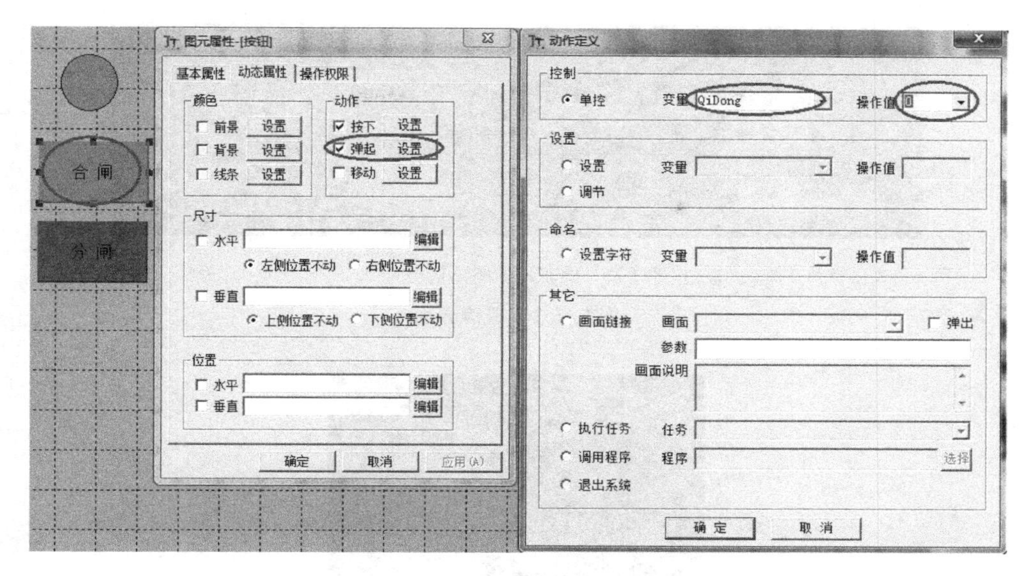

图 7.1.17　动态属性动作定义(二)

7.1.3　实训思考与练习

(1) 熟练掌握“四遥”的概念。

(2) 分析智能供配电还有哪些模块用到了“四遥”。

任务二　电力监控系统数据采集与处理组态设计

7.2.1　实训目的

(1) 了解数据采集可以采集哪些信息量。

(2) 熟悉智能供配电实训平台如何实现数据处理。

7.2.2　实训内容及指导

遥信：远程传输高压负荷开关的分合闸状态，高压接地开关的分合闸状态，低压断路器的分合闸状态，双电源切换装置状态，出线 1、出线 2、出线 3 的分合闸状态，模拟用户负载分合闸状态，如图 7.2.1 所示。

遥测：远程测量低压配电装置的三相电压、三相电流、频率、有功功率、无功功率、功率因数等，如图 7.2.2 所示。

数据处理打印：三相电压、三相电流、有功功率、无功功率、频率等数据，以表格或者曲线的形成展现出来，在数据报表中完成打印功能。

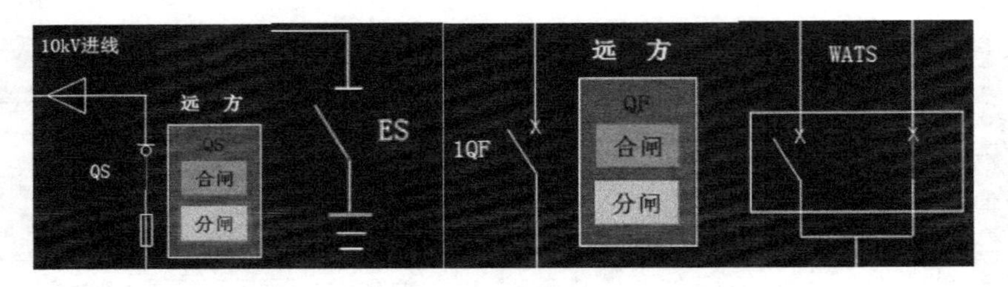

图 7.2.1 遥信界面

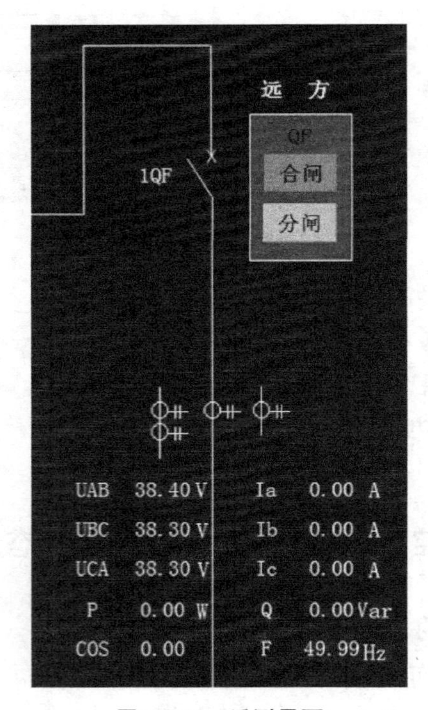

图 7.2.2 遥测界面

统计报表：三相电压、三相电流、有功功率、无功功率、频率等数据可以在报表中展现出来。

1. 添加模拟量

1）添加模拟量说明

（1）在亚成智控软件工程管理界面进行；

（2）默认在电脑上已经存在一个名称为“. MWSMART. SMART SR60”的 OPC 服务，包含三个模拟量 Ua、Ub 和 Uc；

（3）已创建三个画面，名称分别为主界面、曲线界面、报表界面；

（4）OPC 设备已经连接。

2）添加模拟量步骤

第一步，双击实时数据库下拉菜单中的“模拟量管理”按钮，单击“添加”按钮进行变量添加，如图 7.2.3 所示。

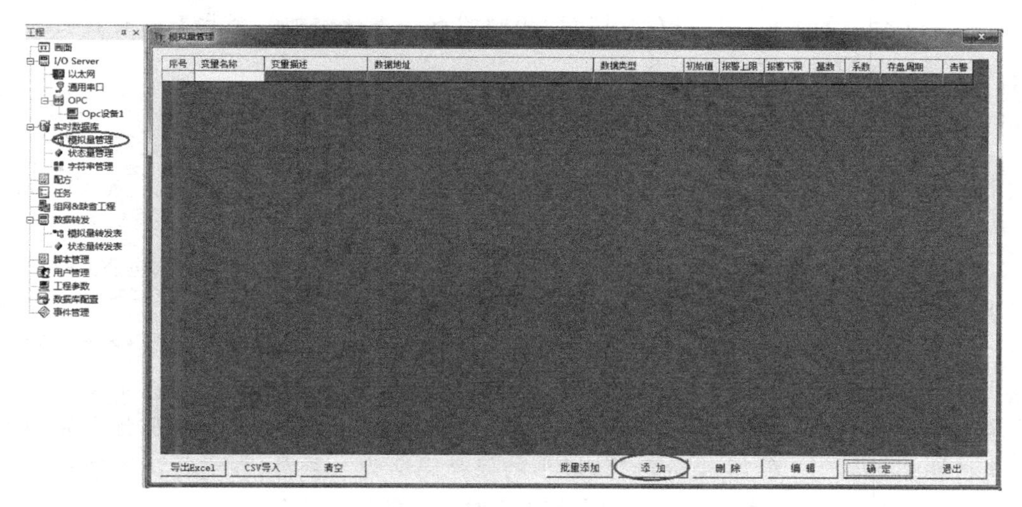

图 7.2.3　模拟量管理对话框

第二步，填写模拟量的相关说明，如图 7.2.4 所示。

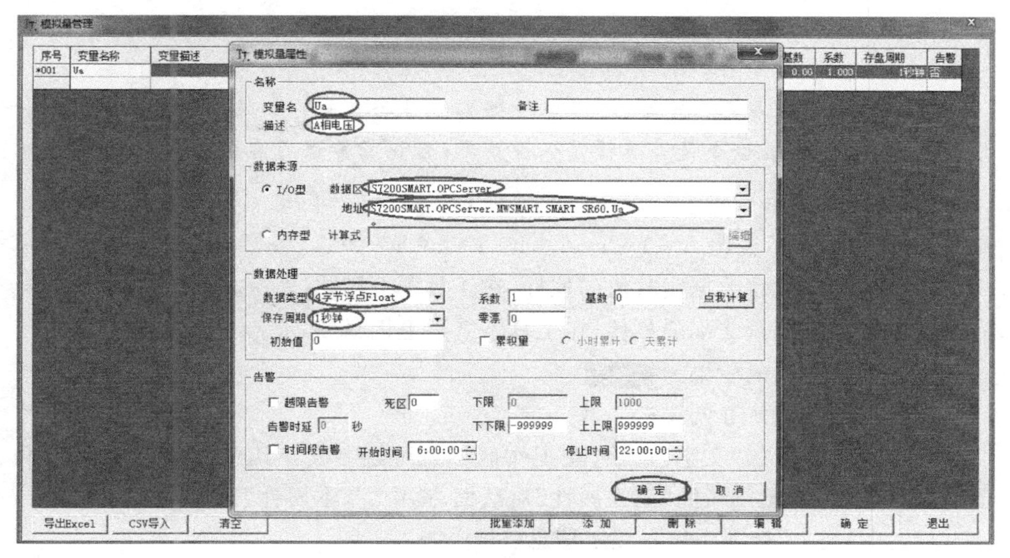

图 7.2.4　模拟量属性对话框

（1）“名称”选项里面，将“变量名”设置为“Ua”；“描述”设置为“A 相电压”。

（2）“数据来源”选项里面，将数据选为“I/O 型”；数据区选择为“S7200SMART. OPCServer”；地址选择为“S7200SMART. OPCServer. MWSMART. SMART SR60. Ua”。

(3)"数据处理"选项里面,将数据类型选择为"4 字节浮点 Float"类型,"保存周期"为"1 秒钟"(历史曲线与报表需要使用)。

(4) 填写完成后单击"确认"按钮。

(5) 余下的 Ub 与 Uc 模拟量使用相同的方法进行添加。至此工程所需要的数字量与模拟量全部添加完成。

对模拟量的添加还需按照完成以下方法完成模拟量属性设置。

(1) 变量定义(必须):变量名是需要添加变量的名称(不能是中文和特殊字符);变量描述是对添加的变量进行说明(可以选择中文字符对变量进行描述,方便识别);备注是对变量进行特殊用途的说明(可以为中文字符)。

(2) 数据来源(必须):I/O 型与内存型。I/O 型需要选择相应的数据区、地址与第几位;内存型需要编译相应的计算式。

(3) 数据处理(必须):根据添加变量的类型选择相应的数据类型(1 字节无符号 Byte、1 字节整数、4 字节浮点 Float 等),如果选择的数据类型与数据本身的数据类型不相符,那么相应的数据就会出错;对数据进行存储时需要选择保存周期 1 秒钟、5 秒钟、15 秒钟、1 分钟等,最小的保存周期为 1 秒钟,在进行历史数据显示、报表制作等操作时需要选择保存周期;对原始数据进行转换时需配置系数、零漂与基数(基数配置旁边有个"点我计算"按钮辅助完成相应的数据计算)。

(4) 告警:选择是否超越告警(配置需要配置的参数:死区、告警时延、下限、下限限、上限、上限限);选择是否时间段告警(配置相应时间:开始时间、结束时间)。

注意:如果无法显示数据,应检查数据类型是否正确;如果历史曲线、报表曲线无法显示数据,应检查是否选择了保存周期(数据需要保存在数据库)。

2. 模拟量显示

1) 模拟量显示说明

数字框用来显示数据实时值的控件,在工具条上用 88 表示。

文本框用来显示文本的控件,在工具条上用上用 A 表示。

在画面上绘制的效果为 0.00 。

2) 创建文本框(图 7.2.5)

单击工具栏中的"文字"选项,在工作区域就可绘制文字组件。双击主画面中的"文字"组件,弹出按钮的"图元属性"对话框,选中"基本属性"选项。

(1) 在"文本"选项中填写显示信息(Ua)。

(2) 单击"选择字体",选择文字的格式与大小。

(3) 单击"图元属性"内的"确定"按钮进行保存。

使用相同方法添加 Ub、Uc,如图 7.2.6 所示。

图 7.2.5　字体设置操作示意图

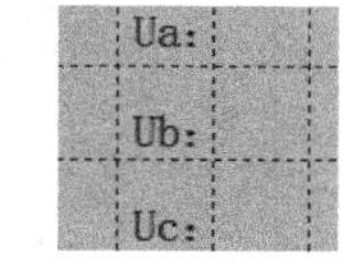

图 7.2.6　设置文字效果图

3）创建数字框

单击工具栏中的数字框，在工作区域内绘制数字框组件。双击主画面中的“数字框”组件，弹出数字框的“图元属性”对话框；选中“基本属性”选项，选择“变量”（Ua）；选中“数字属性”选项，选择变量“＃＃＃＃.＃＃”（表示显示四位整数，两位小数，其他以此轮推）；完成后单击“确定”按钮，如图 7.2.7 和图 7.2.8 所示。

使用同样的方法添加 Ub 与 Uc 显示。

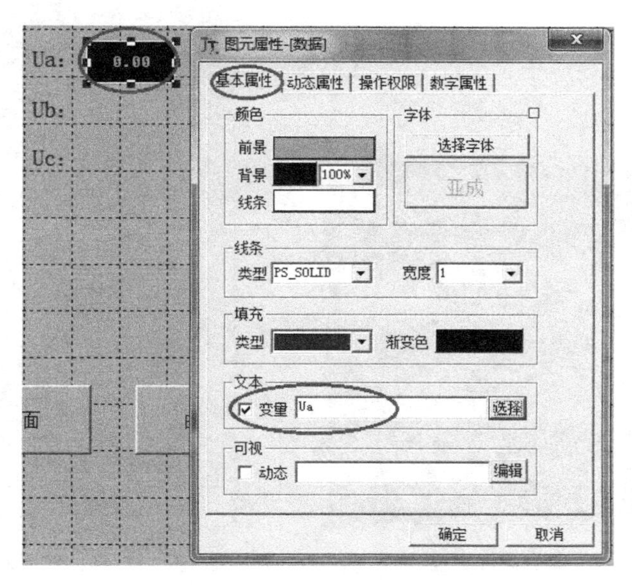

图 7.2.7　图元属性对话框

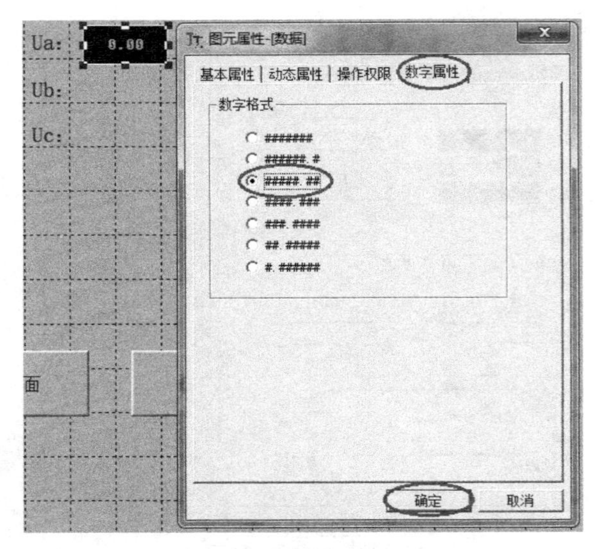

图 7.2.8　数字属性对话框

3. 创建实时曲线

实时曲线控件用来显示数据实时值曲线，在工具条上用 表示。

1）创建实时曲线控件

单击工具栏中的实时曲线控件选项 ，在工作区域就可绘制实时曲线控件。

双击主画面中的“实时曲线”组件，如图 7.2.9 所示，弹出“实时曲线”组件属性对话框，选中“图表属性”选项，如图 7.2.10 所示。

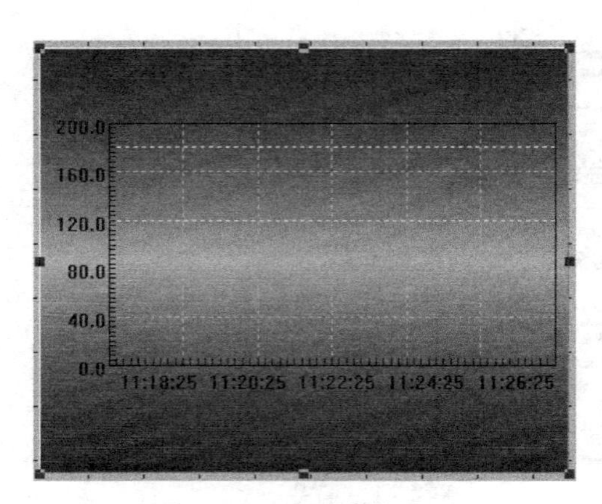

图 7.2.9　实时曲线界面

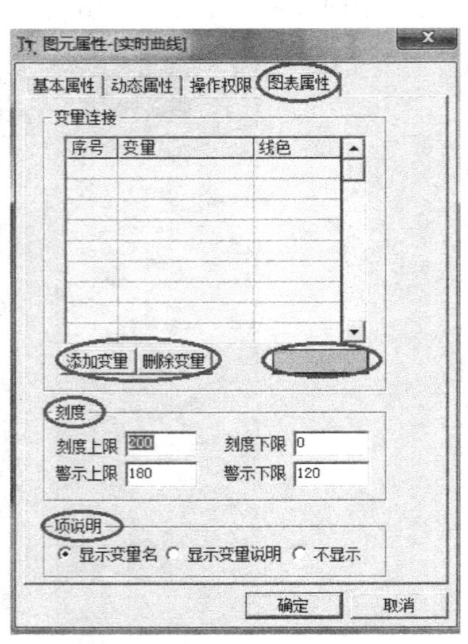

图 7.2.10　图元属性对话框

(1)“添加变量”“删除变量”功能。

(2)“刻度”选项中,“刻度上限”是“实时曲线控件”纵坐标的最大值;“刻度下限”是“实时曲线控件”纵坐标的最小值;“警示上限”是该变量的上限报警值;“警示下限”是该变量的下限报警值。

(3)“项说明”设置变量标识符显示(变量名、变量说明、不显示),变量名与变量说明在添加模拟量变量时完成。

2) 添加变量 Ua

单击图表属性中的“添加变量”按钮,弹出“变量选择”对话框,选择变量“Ua”,单击“确定”按钮,如图 7.2.11 所示。

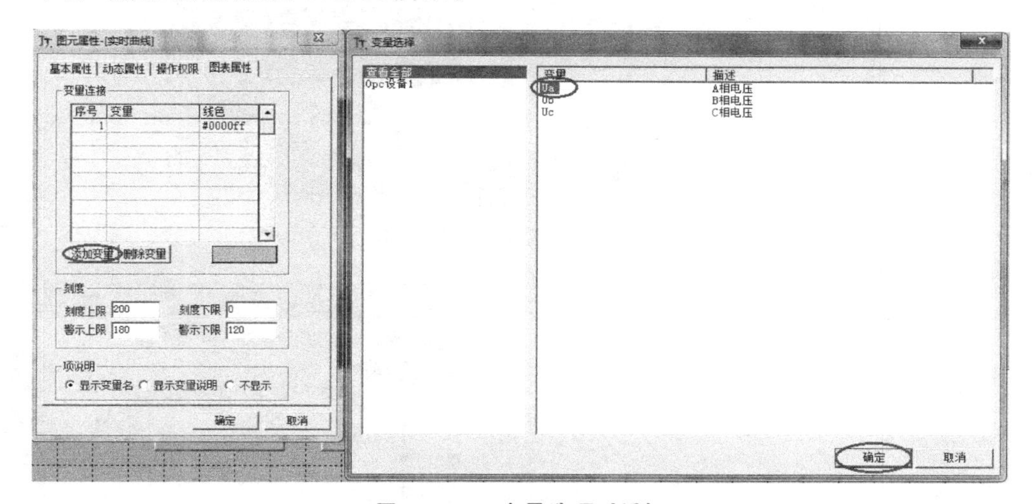

图 7.2.11　变量选项对话框

更改 Ua 变量的曲线颜色与实时曲线控件上下限。选中 Ua 变量,单击“图表属性”区域内的绿色区域选择,弹出颜色选择对话框,选择黄色,单击“颜色”对话框中的“确定”按钮;更改“刻度上限”为“100”,“刻度下限”为“0”,如图 7.2.12 所示。

4. 创建历史曲线控件

历史曲线控件是用来显示数据历史曲线,在工具条上用 表示。

1) 创建历史曲线控件

单击工具栏中的历史曲线控件选项 ,在工作区域就可绘制历史曲线控件。

工程运行后单击 按钮,选择需要显示的时间段(变量开始时间与结束时间),显示在这个时间范围内变量的曲线(图 7.2.13)。

双击主画面中的“历史曲线”组件,如图 7.2.13 所示,弹出“历史曲线”组件属性对话框,选中“图表属性”选项,如图 7.2.14 所示。

(1)“添加变量”“删除变量”功能。

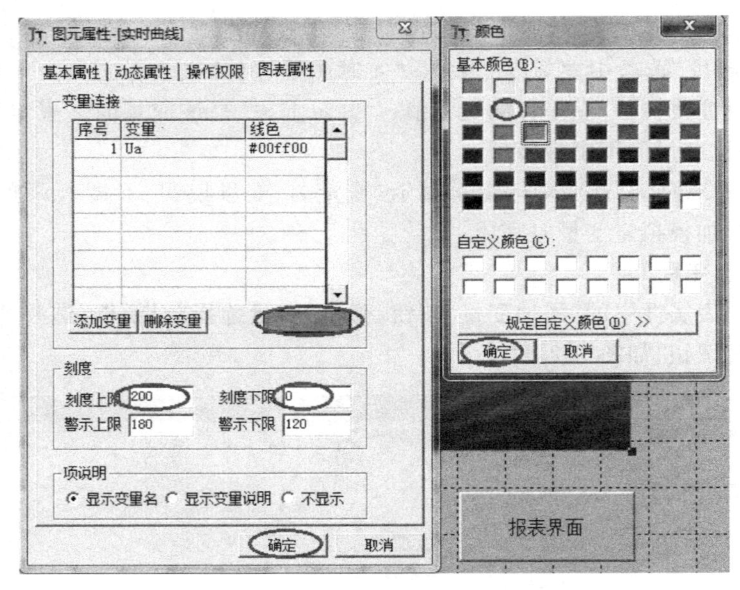

图 7.2.12　颜色选项对话框

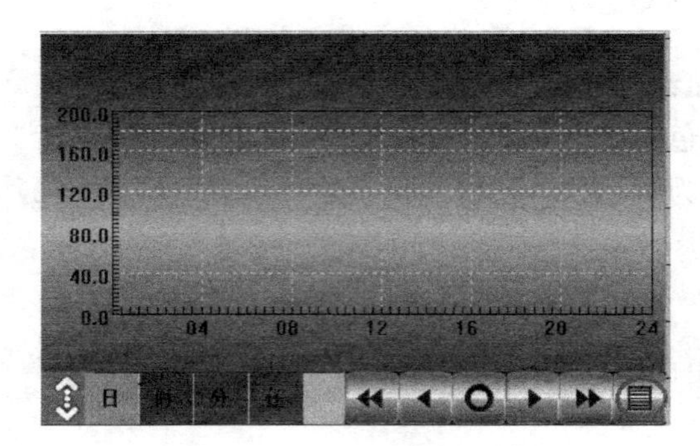

图 7.2.13　时间变量界面

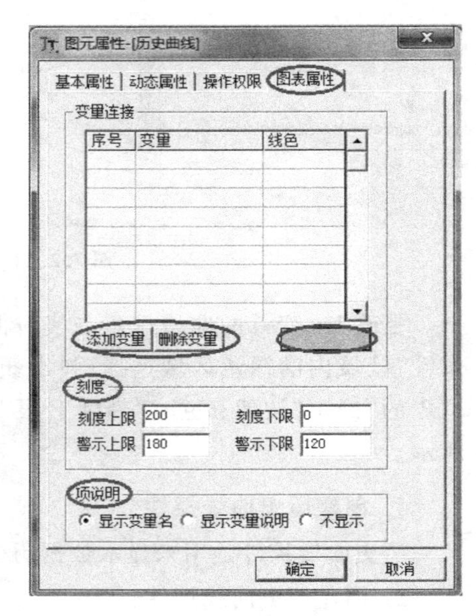

图 7.2.14　图元属性对话框

(2)"刻度"选项中"刻度上限"是历史曲线控件纵坐标的最大值;"刻度下限"是历史曲线控件纵坐标的最小值;"警示上限"是该变量的上限报警值;"警示下限"是该变量的下限报警值。

(3)"项说明"设置变量标识符显示(变量名、变量说明、不显示),变量名与变量说明在添加模拟量变量时完成。

注意：添加变量的历史曲线，需设置相应变量的保存周期（在“添加模拟量”界面选择相应的保存周期：不保存、1 秒钟、5 秒钟等）。

2）添加变量 Ua

单击图表属性中的“添加变量”按钮，弹出“变量选择”对话框，选择变量“Ua”，单击“确定”按钮，如图 7.2.15 所示。

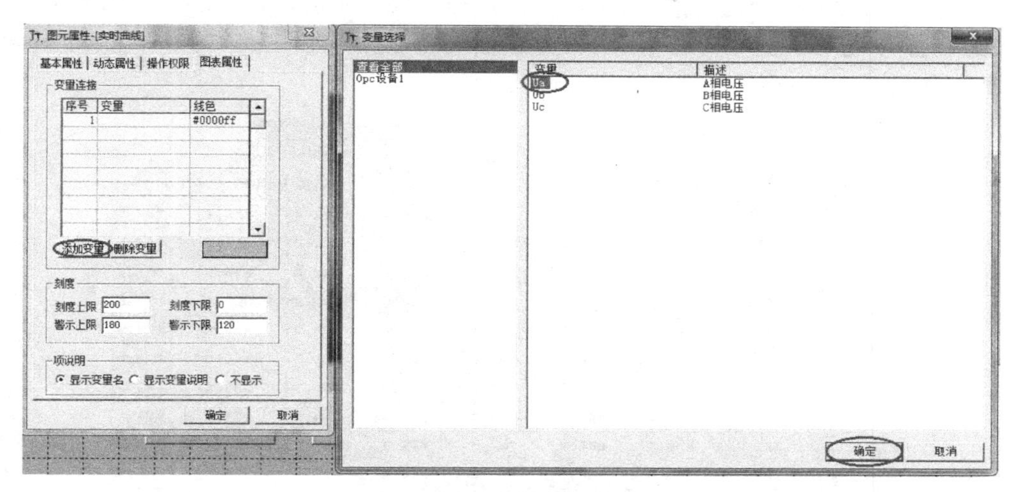

图 7.2.15　变量选择对话框

更改 Ua 变量曲线颜色与实时曲线控件上、下限。选中 Ua 变量，单击“图表属性”选项内的绿色区域选择，弹出颜色选择对话框，选择黄色，单击颜色对话框中的“确定”按钮；更改“刻度上限”为“200”，“刻度下限”为“0”，如图 7.2.16 所示。

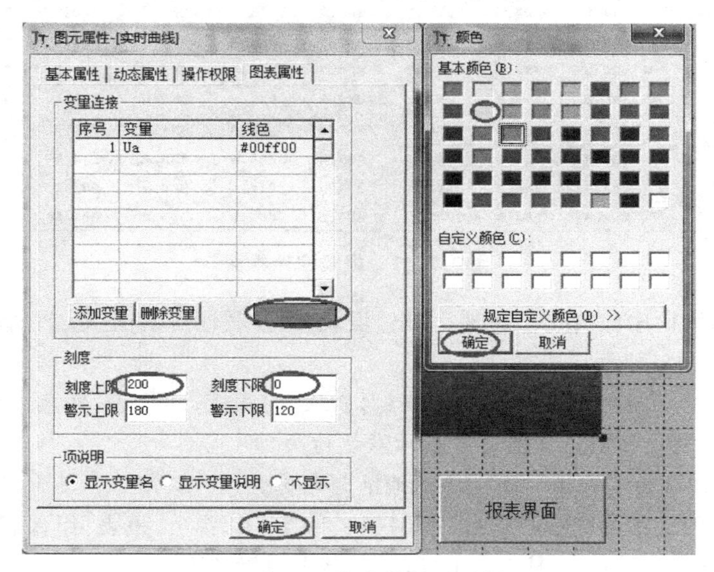

图 7.2.16　颜色管理对话框

5. 创建报表控件

报表控件用来显示数据报表，在工具条上用表示。

1）创建报表控件

单击工具栏中的报表控件选项，在工作区域就可绘制报表控件。

工程运行后单击按钮，选择需要显示时间段（变量开始时间与结束时间），显示在这个时间范围内变量的曲线。单击“导出 Excel”按钮，将查询的数据导出到系统 D 盘，如图 7.2.17 所示。

2021-02-03 导出Excel

	列名称	列名称	列名称	列名称	列名称	列名称	列名称	列名称
1时	###.#	###.#	###.#	###.#	###.#	###.#	###.#	###.#
2时	###.#	###.#	###.#	###.#	###.#	###.#	###.#	###.#
3时	###.#	###.#	###.#	###.#	###.#	###.#	###.#	###.#
4时	###.#	###.#	###.#	###.#	###.#	###.#	###.#	###.#
5时	###.#	###.#	###.#	###.#	###.#	###.#	###.#	###.#
6时	###.#	###.#	###.#	###.#	###.#	###.#	###.#	###.#
7时	###.#	###.#	###.#	###.#	###.#	###.#	###.#	###.#
8时	###.#	###.#	###.#	###.#	###.#	###.#	###.#	###.#
9时	###.#	###.#	###.#	###.#	###.#	###.#	###.#	###.#
10时	###.#	###.#	###.#	###.#	###.#	###.#	###.#	###.#
11时	###.#	###.#	###.#	###.#	###.#	###.#	###.#	###.#
12时	###.#	###.#	###.#	###.#	###.#	###.#	###.#	###.#
13时	###.#	###.#	###.#	###.#	###.#	###.#	###.#	###.#
14时	###.#	###.#	###.#	###.#	###.#	###.#	###.#	###.#
15时	###.#	###.#	###.#	###.#	###.#	###.#	###.#	###.#
16时	###.#	###.#	###.#	###.#	###.#	###.#	###.#	###.#
17时	###.#	###.#	###.#	###.#	###.#	###.#	###.#	###.#
18时	###.#	###.#	###.#	###.#	###.#	###.#	###.#	###.#
19时	###.#	###.#	###.#	###.#	###.#	###.#	###.#	###.#
20时	###.#	###.#	###.#	###.#	###.#	###.#	###.#	###.#
21时	###.#	###.#	###.#	###.#	###.#	###.#	###.#	###.#
22时	###.#	###.#	###.#	###.#	###.#	###.#	###.#	###.#
23时	###.#	###.#	###.#	###.#	###.#	###.#	###.#	###.#
24时	###.#	###.#	###.#	###.#	###.#	###.#	###.#	###.#

图 7.2.17　报表控件界面

双击主画面中的“报表”组件，弹出“报表”组件属性对话框，选中“基本设置”选项，如图 7.2.18 所示。基本设置如下。

（1）类型：选择报表类型（日报表、月报表、时报表、年报表、任意报表）。

（2）选择项（显示累计值或者显示默认行头）。

（3）导出文件：选择导出文件的地址与名称。

双击主画面中的“报表”组件，如图 7.2.18 所示，弹出“报表”组件属性对话框，选中“数据连接”选项，如图 7.2.19 所示。基本设置如下。

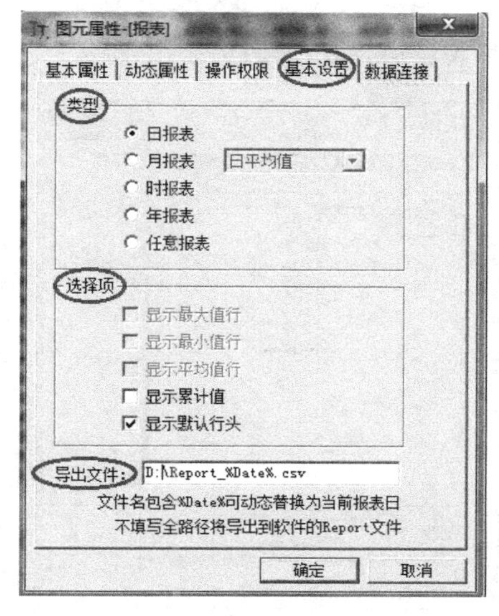

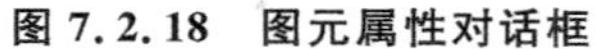

图 7.2.18　图元属性对话框

图 7.2.19　数据连接对话框

(1) 变量：选择相应的变量。

(2) 题头与格式更改每列数据的说明与数据显示格式。

(3) 添加列，修改列，删除列，向上，向下。

注意：添加变量的报表数据时，需设置相应变量的保存周期(在"添加模拟量"界面选择相应的保存周期：不保存、1 秒钟、5 秒钟等)。

2) 添加变量 Ua

单击"数据连接"属性，选中一个数据，弹出"变量选择"对话框，选择变量"Ua"，单击"确定"按钮，如图 7.2.20 所示。

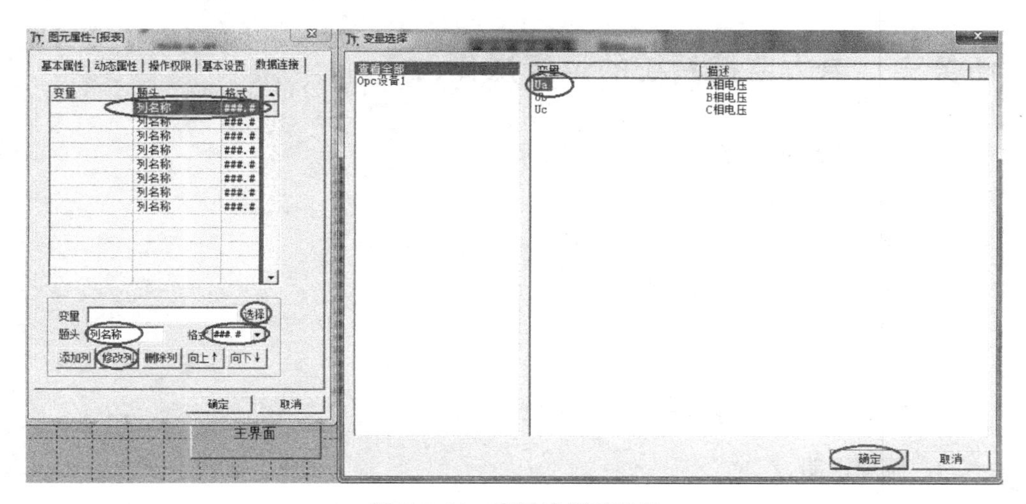

图 7.2.20　变量选择对话框

更改Ua变量题头名称(A相电压)与格式(＃＃＃.＃),如图7.2.21所示。填写完成后单击“修改列”按钮,Ua变量报表添加完成,如图7.2.22所示。

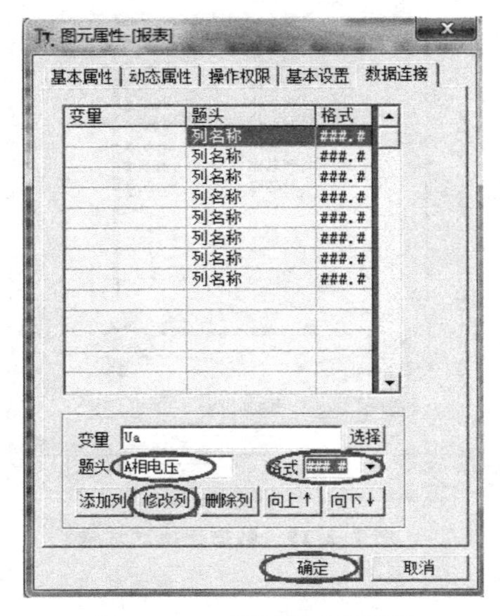

图7.2.21　变量修改示意图

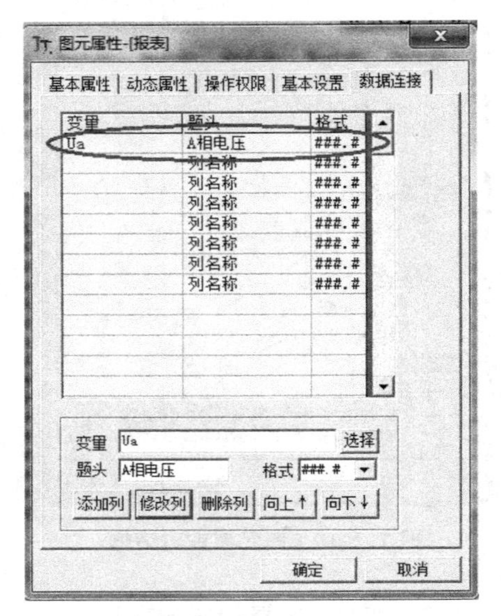

图7.2.22　变量报表添加示意图

7.2.3　实训思考与练习

(1) 在二次开发软件中用曲线显示低压三相电压、三相电流。

(2) 利用数据采集在智能电力监控装置上查看并记录低压配电装置的三相电压、三相电流、频率。

任务三　电力监控系统的运行操作

7.3.1　实训目的

(1) 熟悉电力监控系统登录。

(2) 熟悉电力监控系统一次界面。

(3) 熟悉亚成智控软件的结构。

(4) 熟悉亚成智控软件的主要功能。

7.3.2　实训内容及指导

1. 原理说明

YC-PMCS02电力监控系统是针对智能供配电实训平台开发的电力监控系

统，可以完成对智能供配电系统监控。

2. 电力监控一次界面操作

(1) 进入 YC-PMCS02 电力监控系统主界面。

(2) 高压开关 QS、低压主开关 1QF、4QF、5QF 与 6QF 旁边都有对应的“分闸”按钮和“合闸”按钮，按下相应的按钮可以实现对相应开关的远方控制，如图 7.3.1～图 7.3.3 所示。

图 7.3.1　高压开关 QS “分闸”“合闸”控制按钮

图 7.3.2　低压万能式断路器 1QF“分闸”“合闸”控制按钮

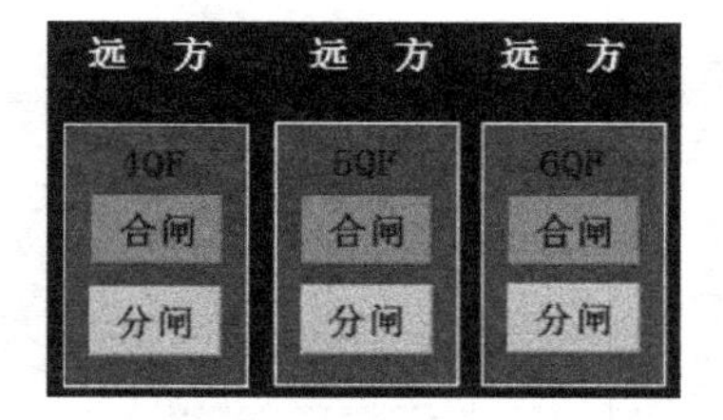

图 7.3.3　4QF、5QF 与 6QF“分闸”“合闸”控制按钮

3. 数据报表和数据曲线操作

(1) 单击“参数报表”按钮，进入参数报表界面，如图 7.3.4 所示。参数报表可以完成对三相电压(U_{ab}、U_{bc}、U_{ca})、三相电流(I_a、I_b、I_c)、有功功率 P、无功功率 Q、频率 F 与功率因数 $\cos\varphi$ 的记录。右上角有自由查询与导出打印按钮，按下相应的按钮，会实现自由查询与导出报表功能。

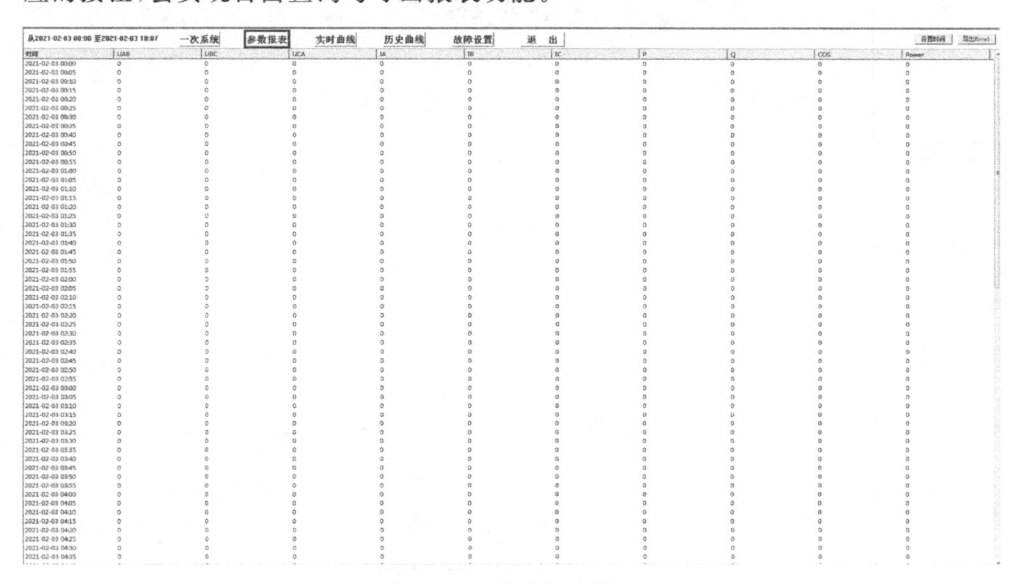

图 7.3.4　参数报表界面

(2) 单击“实时曲线”按钮，进入实时曲线界面，如图 7.3.5 所示。实时曲线可以完成对三相电压(U_{ab}、U_{bc}、U_{ca})、三相电流(I_a、I_b、I_c)实时曲线显示。

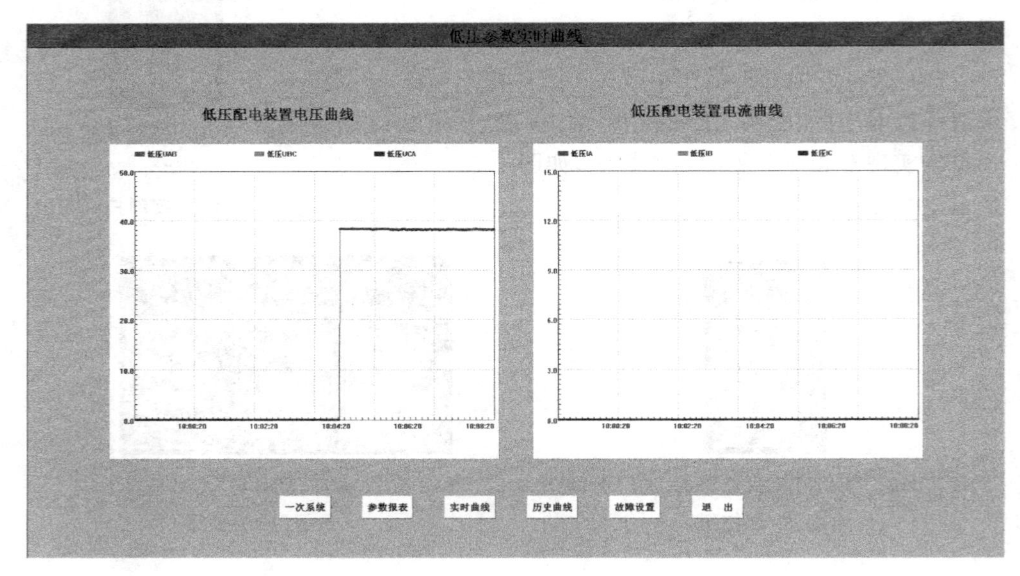

图 7.3.5 低压参数实时曲线界面

(3) 单击“历史曲线”按钮，进入历史曲线界面，如图 7.3.6 和图 7.3.7 所示。历史曲线可以完成对三相电压(U_{ab}、U_{bc}、U_{ca})、三相电流(I_a、I_b、I_c)历史曲线显示，选择查询的开始与截止时间，单击“确定”按钮，可以实现对历史数据的查询功能。

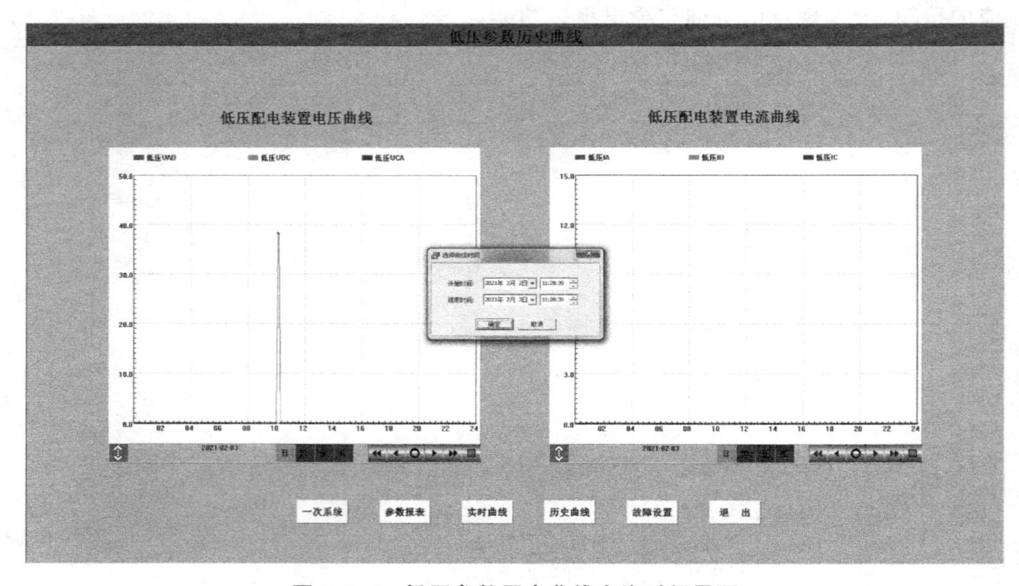

图 7.3.6 低压参数历史曲线查询时间界面

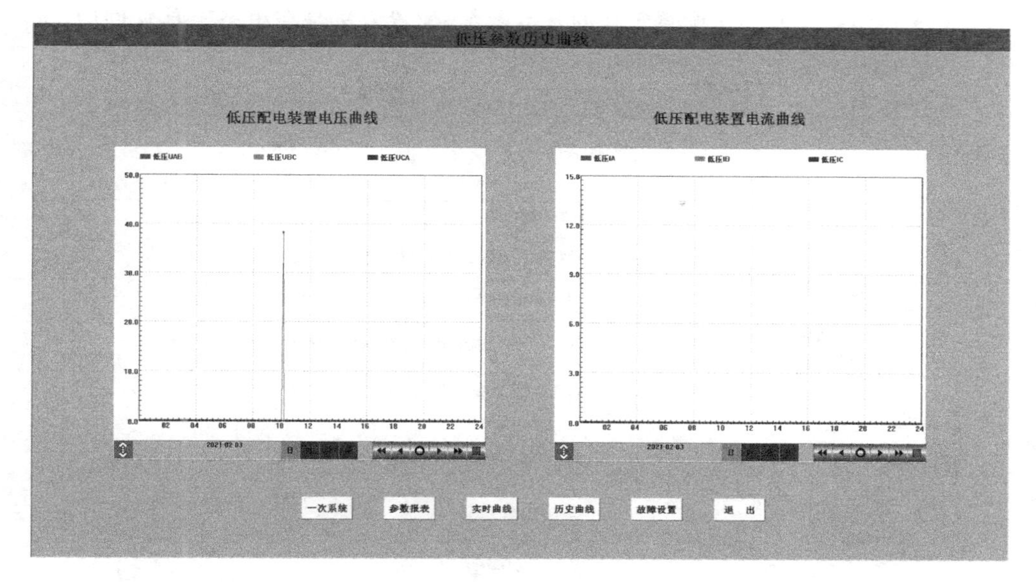

图 7.3.7　低压参数历史曲线界面

（4）退出系统。

7.3.3　实训思考与练习

（1）登录电力监控系统一次软件。

（2）使用电力监控软件远程分闸、合闸 QS、1QF、4QF、5QF 与 6QF。

（3）报表查询与导出。

（4）三相电压与三相电流的历史曲线查询。

任务四　电力监控系统报警组态设计及应用

7.4.1　实训目的

（1）了解报警事件的设置。

（2）熟悉报警事件的查询。

（3）掌握报警事件打印。

7.4.2　实训内容及指导

1. 报警组态设计

电力监控系统报警组态设计步骤如下。

（1）在组态工具中可配置工程的基本参数，配置方法是在组态工具软件中，选择“工程”选项，双击“事件管理”按钮，如图 7.4.1 所示。

（2）在弹出的“事件参数设置”对话框中对“事件告警开关”进行配置，如图 7.4.2 所示。

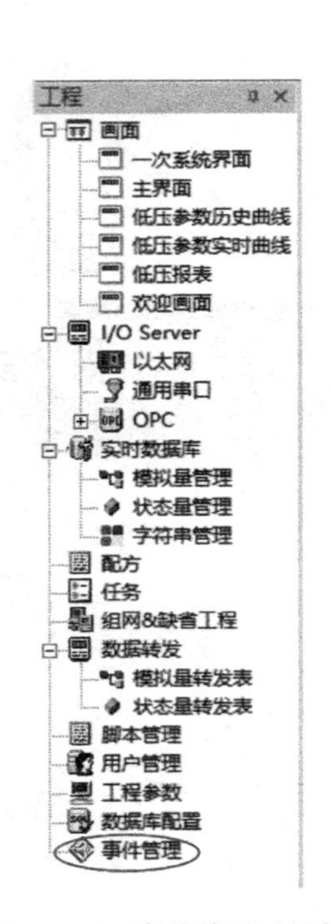

图 7.4.1　事件管理对话框

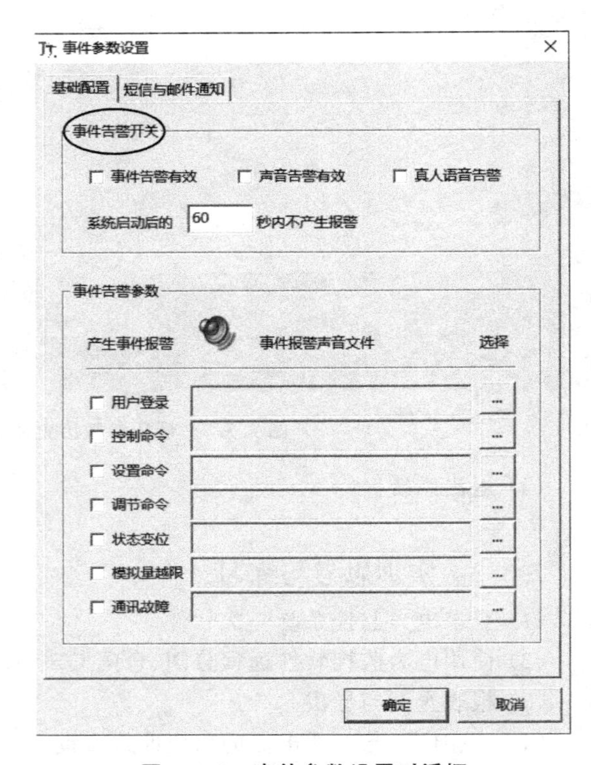

图 7.4.2　事件参数设置对话框

基本参数如下。

事件告警开关：

① 事件告警有效：设置后可进行事件告警记录。

② 声音告警有效：当有事件发生时可以进行声音告警。

③ 真人语音告警：当有事件发生时可以进行语音告警。

④ 系统启动后 n 秒内不产生报警：因为系统刚启动时，不是所有数据都能全部反映上来，总会报出一些故障，等待几秒又正常，设置时间为此等待时间。

事件告警参数：

① 产生事件报警：选择要报警的事件。

② 事件报警声音文件：存放报警声音的音乐文件。

③ 选择：选择对应报警事件的音乐，可以很快的判断出告警事件。

短信与邮件通知(图 7.4.3)：

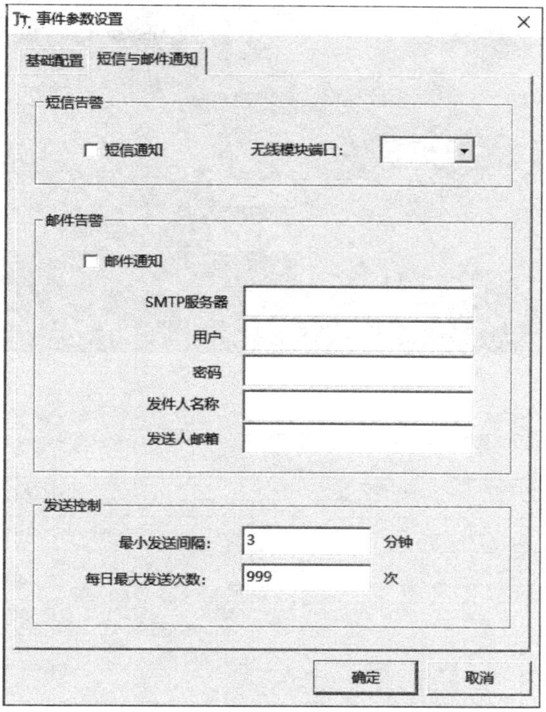

图 7.4.3 短信与邮件通知对话框

① 短信通知：当有事件发生时可以进行事件短信通知。
② 无线短信通知端口：插有无线通信模块的端口。
③ 邮件通知：当有事件发生时可以进行事件邮件通知。
④ 发送控制：可以选择发送间隔时间、每日最大发送次数。

2. 历史事件查询

历史事件查询界面如图 7.4.4 所示。

(1) 运行之后在其右下角可以找到历史事件。
(2) 可以选择事件查询的时间段。
(3) 可以选择查寻事件的类型。
(4) 可以进行历史事件打印。

7.4.3 实训思考与练习

(1) 设置用户登录告警。
(2) 设置通信故障告警。
(3) 完成事件报表打印。

图 7.4.4　历史事件查询界面

项目七　彩图

项目八

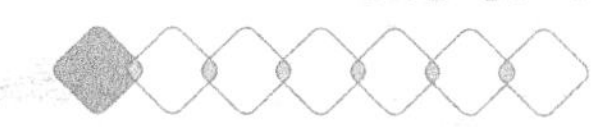

变电站一次系统仿真操作

任务一　35 kV 变电站 102 支路送电操作

8.1.1　实训目的

(1) 熟悉变电站一次系统模拟操作软件。

(2) 熟悉变电站一次系统模拟操作软件各个界面。

(3) 熟悉变电站一次系统模拟操作软件 35 kV 变电站送电操作。

8.1.2　实训内容及指导

双击变电站一次系统模拟操作软件图标,选择用户"学生",输入密码,单击"登录",如图 8.1.1 所示。

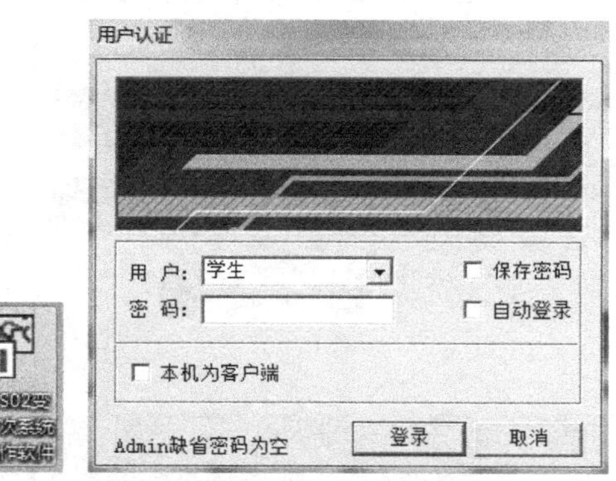

图 8.1.1　软件图标及登录界面

进入 YC-PSS02 变电站一次系统模拟操作软件界面,单击"学生操作界面"按钮,弹出对话框,如图 8.1.2 所示。

图 8.1.2 软件主界面

进入变电站选择界面，此界面由 35 kV 变电站停电操作、35 kV 变电站送电操作、110 kV 变电站停电操作与 110 kV 变电站送电操作组成，如图 8.1.3 所示。选择进入某操作界面后，单击任意一个开关或者刀闸，可弹出分闸与合闸操作对话框，选择分闸或合闸选项，可完成相应开关或刀闸的分合。软件具有错误操作统计功能，可统计出违反"五防"操作原则的操作次数。

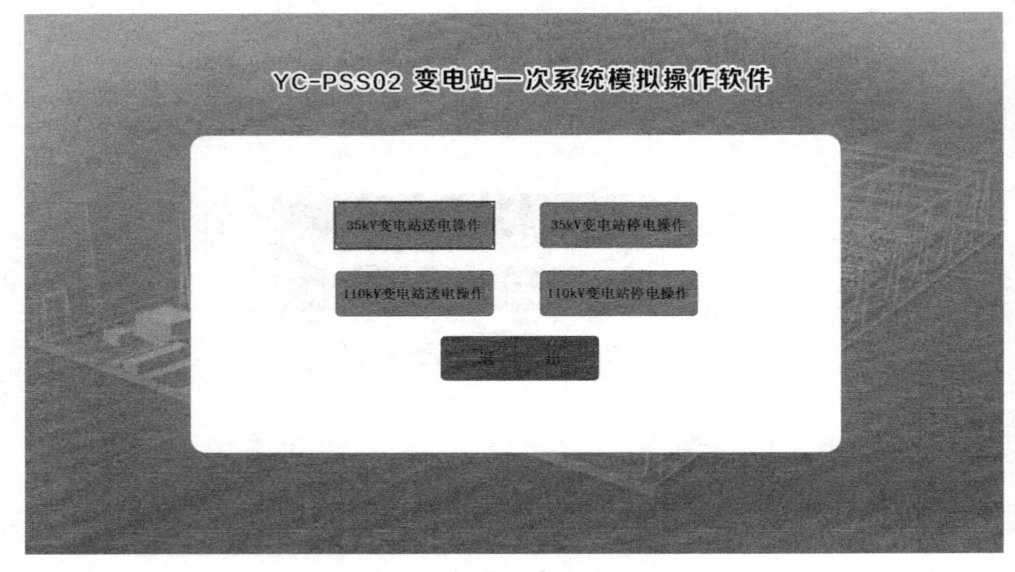

图 8.1.3 软件组成部分

下面以 35 kV 变电站的 102 支路送电仿真操作为例，介绍软件的使用方法。

35 kV 变电站模拟送电操作顺序为合上刀闸，再合上开关。

(1) 选择并进入 35 kV 变电站送电操作界面，如图 8.1.4 所示。

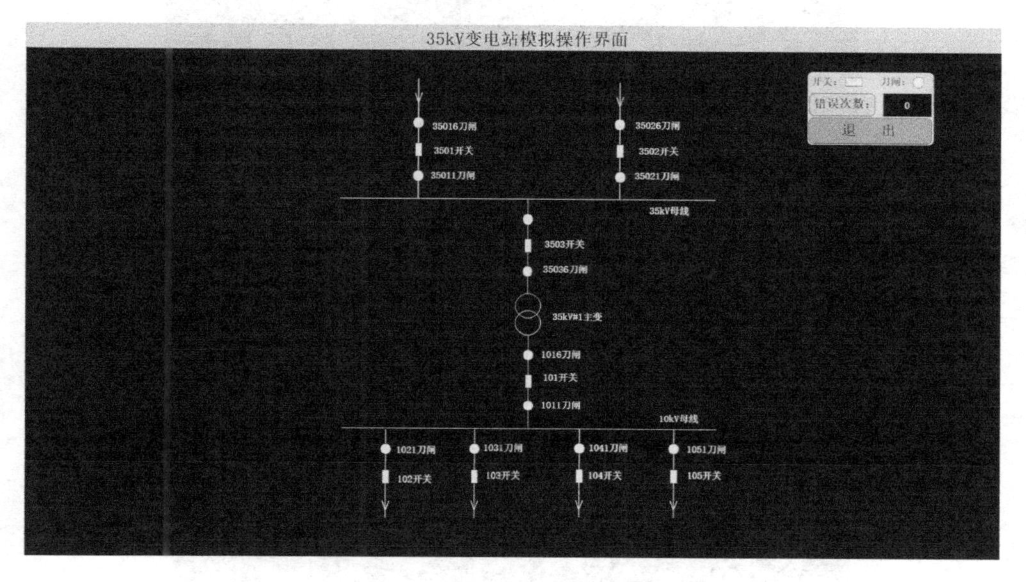

图 8.1.4 35 kV 变电站送电操作界面

(2) 单击 1021 刀闸，在对话框中单击合闸操作，如图 8.1.5 所示。

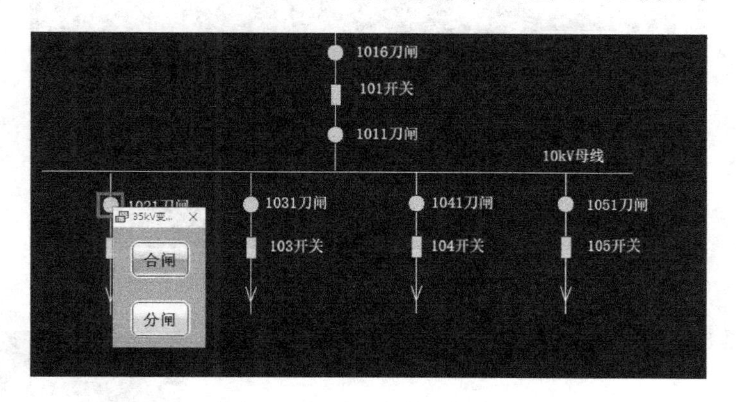

图 8.1.5 单击 1021 刀闸，在对话框中单击合闸操作

(3) 在 1021 刀闸对话框中单击合闸后的状态是刀闸已合闸，如图 8.1.6 所示。

(4) 单击 102 开关，在对话框中单击合闸操作，如图 8.1.7 所示。

(5) 在 102 开关对话框中单击合闸后的状态是开关和刀闸均合闸，如图 8.1.8 所示。

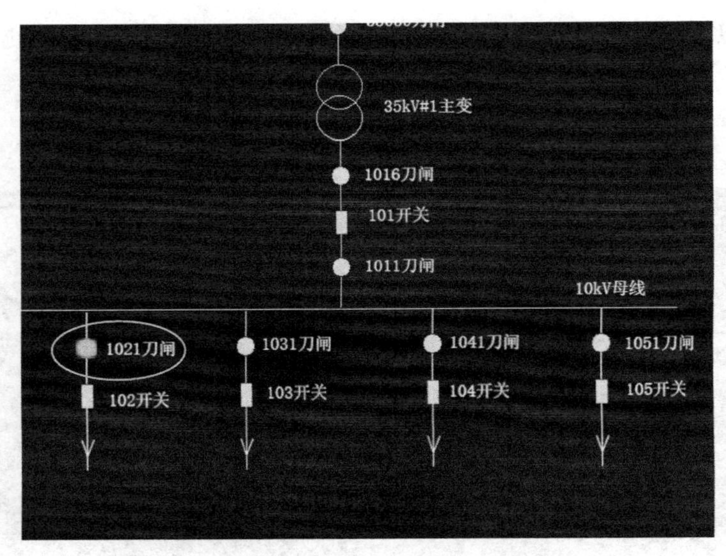

图 8.1.6 刀闸已合闸状态

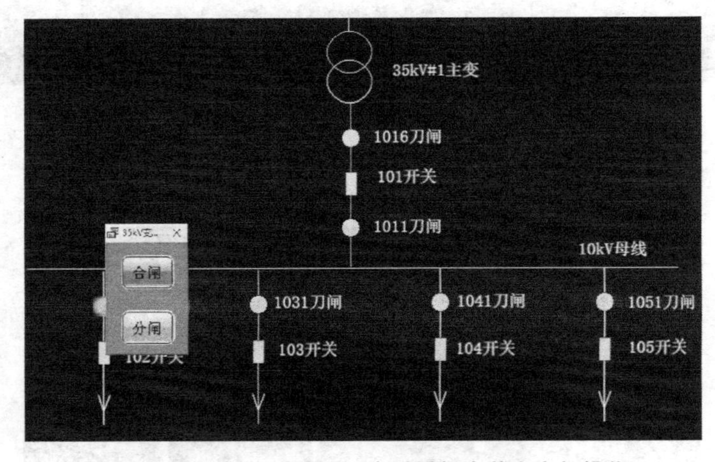

图 8.1.7 单击 102 开关,在对话框中单击合闸操作

(6) 图 8.1.9 为 102～105 支路全部合闸后的状态。

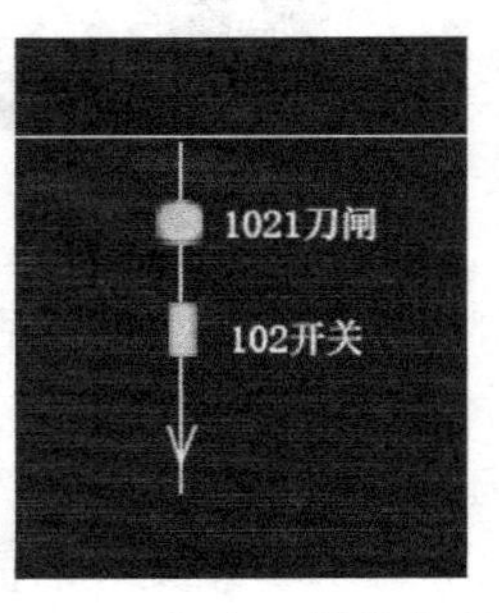

图 8.1.8 刀闸和开关均合闸状态

8.1.3 实训思考与练习

(1) 变电站一次系统模拟操作软件登录。

(2) 练习变电站一次系统模拟操作软件各个界面的操作。

(3) 在 35 kV 送电操作界面完成 102 支路送

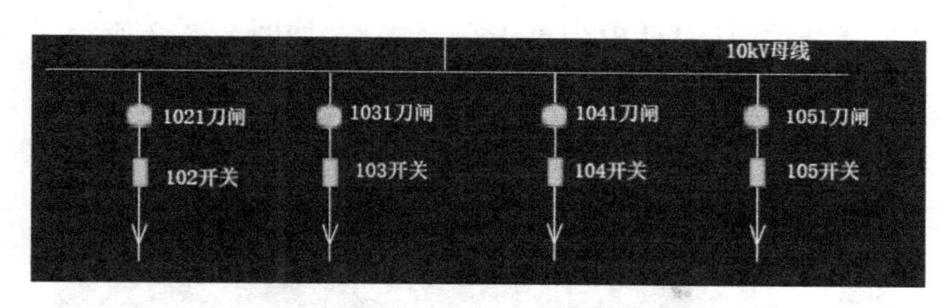

图 8.1.9　102～105 支路全部合闸后的状态

电操作。

（4）在 35 kV 送电操作界面完成全部支路送电操作。

任务二　35 kV 变电站 102 支路停电操作

8.2.1　实训目的

（1）熟悉变电站一次系统模拟操作软件。

（2）熟悉变电站一次系统模拟操作软件的 35 kV 变电站停电操作。

8.2.2　实训内容及指导

下面以 35 kV 变电站的 102 支路停电仿真操作为例，介绍软件的使用方法，软件具有错误操作统计功能，可统计出违反“五防”操作原则的操作次数。

35 kV 变电站模拟停电操作顺序为先断开开关，再断开刀闸。

（1）进入 35 kV 变电站停电操作界面，如图 8.2.1 所示。

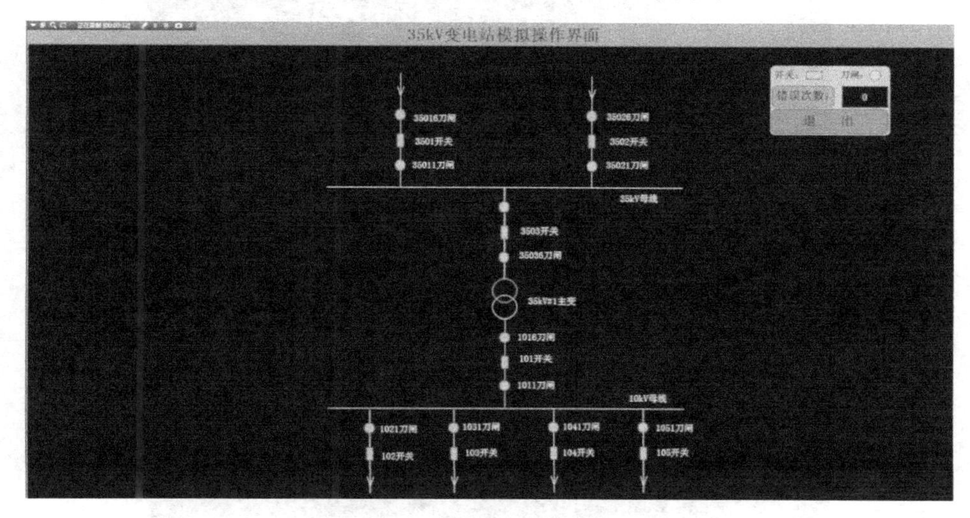

图 8.2.1　35 kV 变电站停电界面

（2）单击 102 开关，在对话框中单击分闸操作，如图 8.2.2 所示。

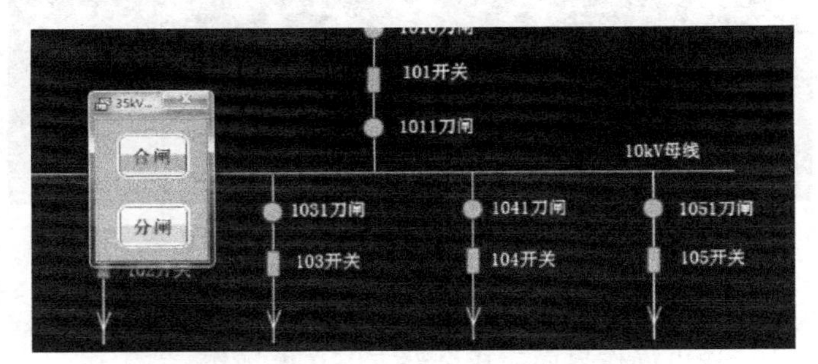

图 8.2.2　单击 102 开关，在对话框中单击分闸操作

（3）在 102 开关对话框中单击分闸后的状态是开关断开，如图 8.2.3 所示。

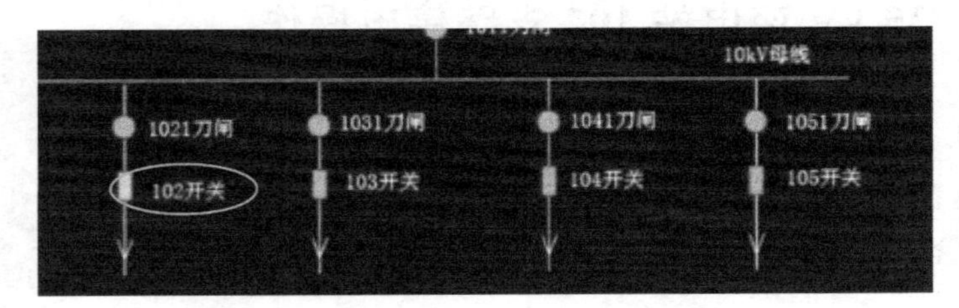

图 8.2.3　102 开关断开状态

（4）单击 1021 刀闸，在对话框中单击分闸操作，如图 8.2.4 所示。

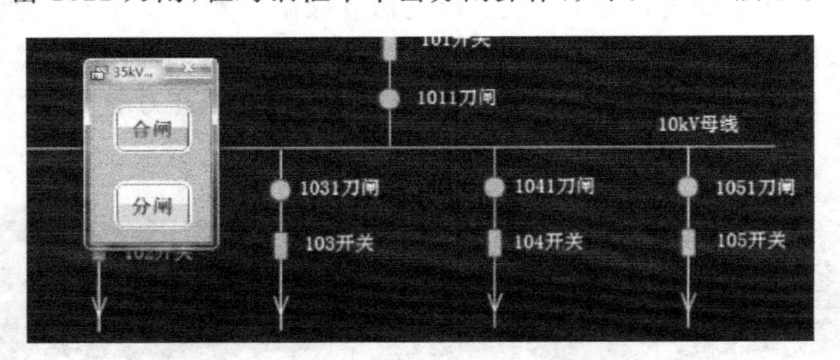

图 8.2.4　单击 1021 刀闸，在对话框中单击分闸操作

（5）在 1021 刀闸对话框中单击分闸后的状态是开关和刀闸均断开，如图 8.2.5 所示。

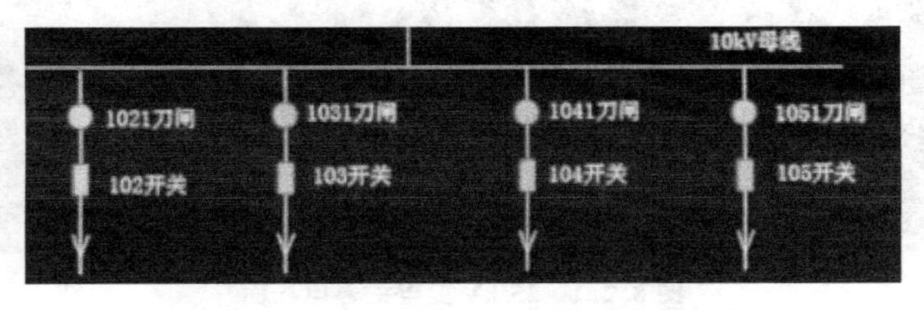

图 8.2.5　102 支路开关和刀闸均断开状态

(6) 图 8.2.6 为 102～105 支路全部分闸后的状态。

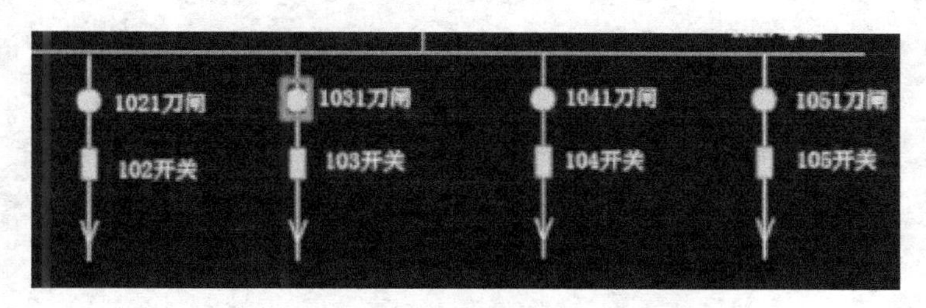

图 8.2.6　102～105 支路全部分闸后的状态

8.2.3　实训思考与练习

(1) 在 35 kV 停电操作界面完成 102 支路停电操作。

(2) 在 35 kV 停电操作界面完成全部支路停电操作。

任务三　110 kV 变电站 1＃主变送电操作

8.3.1　实训目的

(1) 熟悉变电站一次系统模拟操作软件。

(2) 熟悉 110 kV 变电站送电操作。

8.3.2　实训内容及指导

1. 原理说明

YC-PSS02 变电站一次系统模拟操作软件，可以完成对 110 kV 变电站送电模拟操作。

2. 实训内容与实训步骤

(1) 登录 110 kV 变电站送电操作，单击任意一个开关或者刀闸，弹出分闸与合闸操作对话框，完成对相应的开关或刀闸的分合，如图 8.3.1～图 8.3.3 所示。

如果未按顺序正确操作，操作错误时软件本身会进行错误次数统计，如图 8.3.4 所示。

登录 110 kV 变电站送电操作界面，完成任意间隔的送电操作。

(2) 单击教师操作界面，弹出“操作信息确认”对话框，选择操作员用户名“学生”，输入密码；选择监护员用户名“教师”，输入密码；单击“执行”，如图 8.3.5 所示。

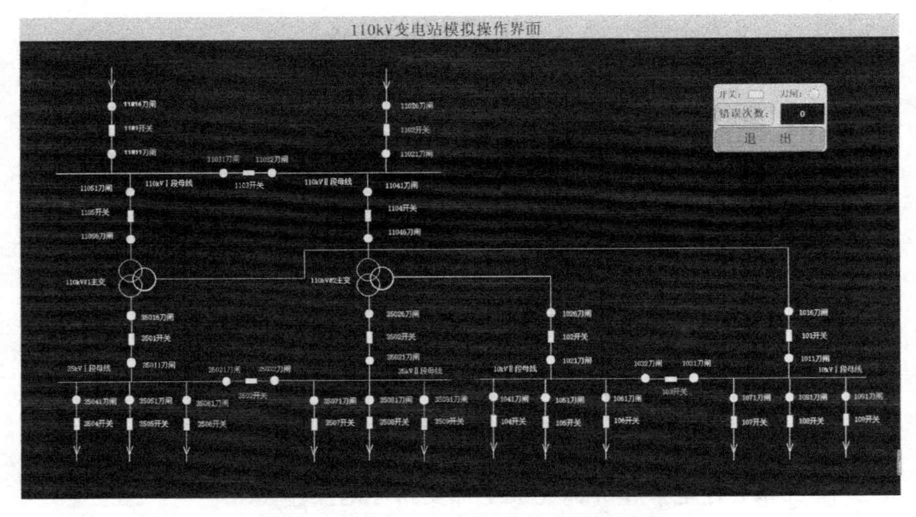

图 8.3.1 110 kV 变电站送电操作界面

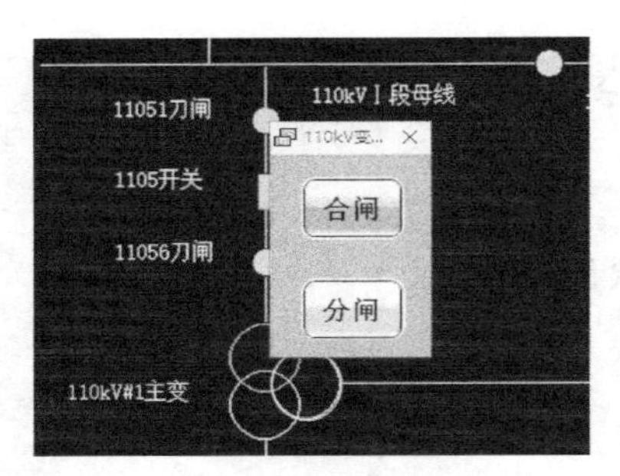

图 8.3.2 合上 11051 刀闸

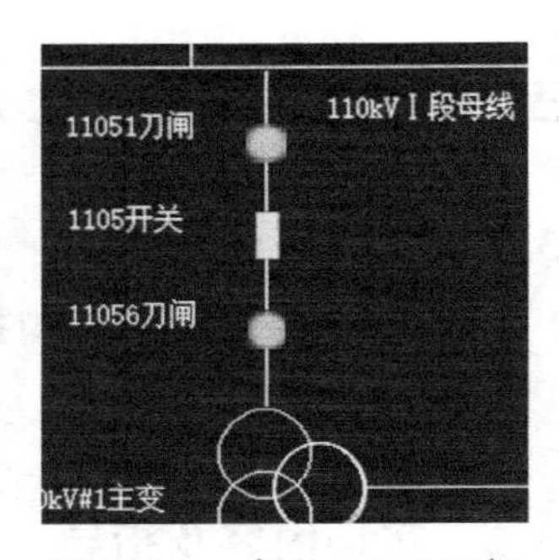

图 8.3.3 合上 11056 刀闸

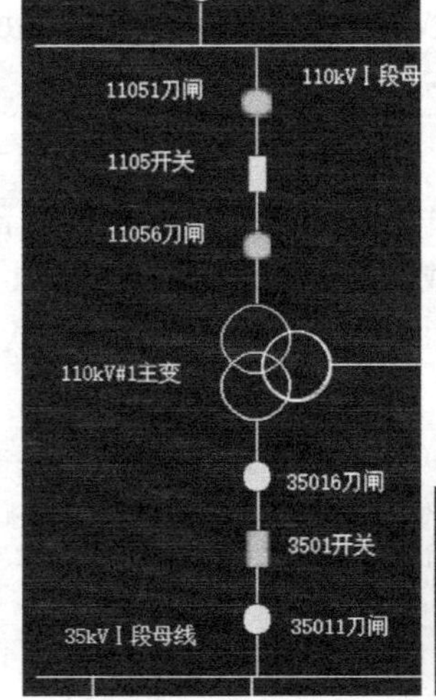

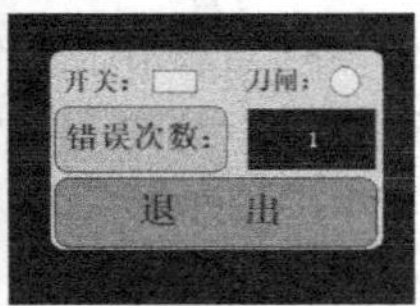

图 8.3.4 操作错误次数统计

图 8.3.5　登录教师界面

教师登录教师操作界面，选择相应的统计成绩，弹出输入框，输入“0”，清除错误次数，如图 8.3.6 所示。

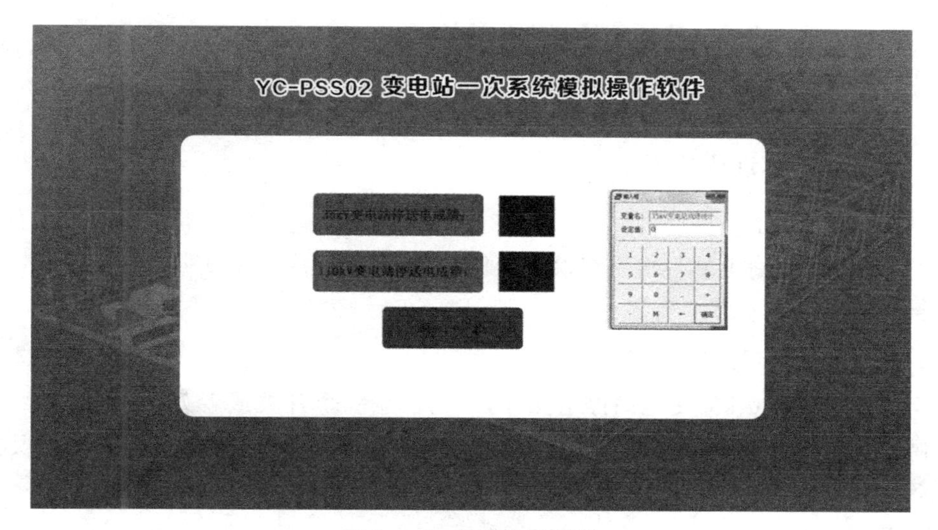

图 8.3.6　错误次数清零

(3) 单击“退出”按钮，进入退出系统界面，选择用户“学生”，输入密码，单击“退出”按钮，如图 8.3.7 所示。

图 8.3.7　退出系统

8.3.3 实训思考与练习

(1) 在 110 kV 送电操作界面完成 1# 主变送电操作。

(2) 在教师登录界面完成 110 kV 变电站送电操作成绩清零。

任务四 110 kV 变电站 1103 母联开关停电操作

8.4.1 实训目的

(1) 熟悉变电站一次系统模拟操作软件。

(2) 熟悉 110 kV 变电站停电操作。

8.4.2 实训内容及指导

1. 原理说明

YC-PSS02 变电站一次系统模拟操作软件,可以完成对 110 kV 变电站停电模拟操作。

2. 实训内容与实训步骤

(1) 登录 110 kV 变电站停电操作,单击任意一个开关或者刀闸,弹出分闸与合闸操作对框,完成对相应的开关或刀闸分合,操作错误时软件本身会进行错误次数统计,如图 8.4.1~图 8.4.3 所示。

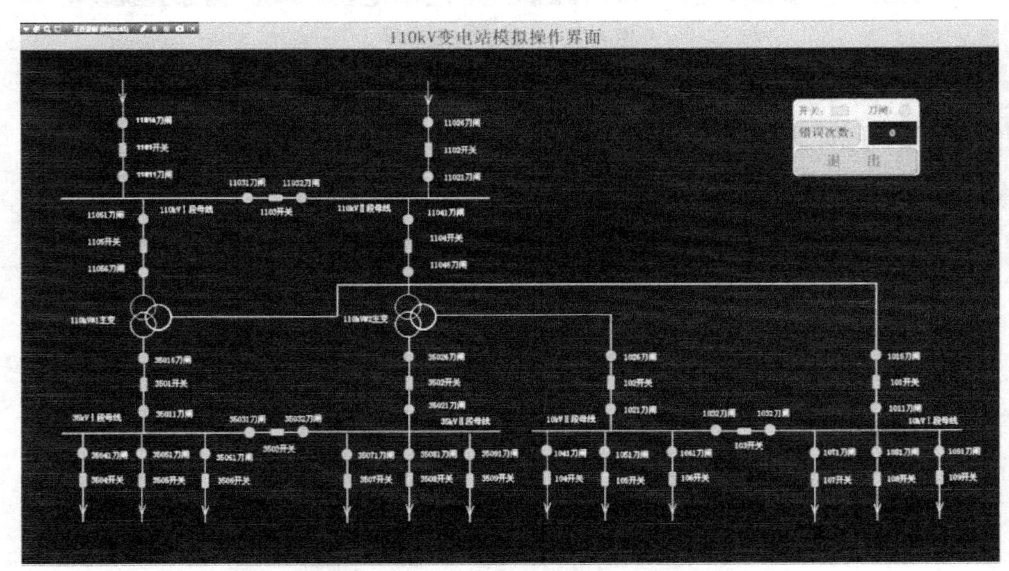

图 8.4.1 110 kV 变电站停电操作界面

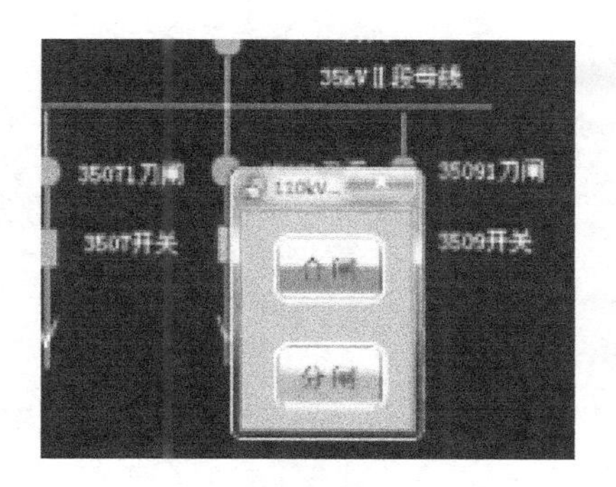

图 8.4.2　断开 3508 开关

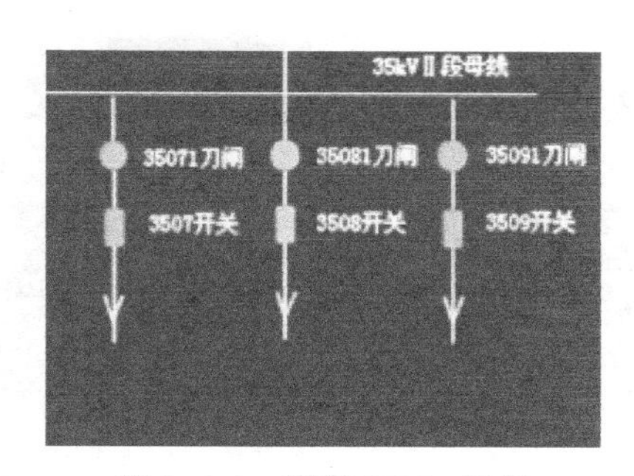

图 8.4.3　断开 35081 刀闸

如果未按顺序正确操作，操作错误时软件本身会进行错误次数统计，如图 8.4.4 所示。

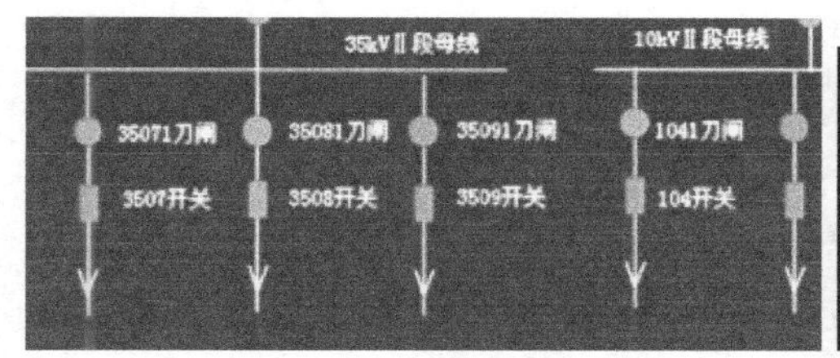

图 8.4.4　操作错误次数统计

登录 110 kV 变电站停电操作界面，完成任意间隔的停电操作。

110 kV 停电操作顺序为先断开开关，再断开刀闸。

(2) 教师登录操作界面，对 110 kV 变电站停电操作成绩进行清零，同任务三。

8.4.3　实训思考与练习

(1) 在 110 kV 停电操作界面完成 1103 母联开关停电操作。

(2) 在教师登录界面完成 110 kV 变电站停电操作成绩清零。

项目八　彩图